湿地之约

保护湿地的苏州方案

宋金波　付元祥　李维佳　著

中国林業出版社
CFPH China Forestry Publishing House

本书图片除文中标注外均由孙晓东提供。

孙晓东，生态人文摄影师，非遗保护公益机构“稀捍行动”联合发起人，籽庐摄影工作室创立人。

图书在版编目（CIP）数据

湿地之约：保护湿地的苏州方案 / 宋金波，付元祥，李维佳著. -- 北京：中国林业出版社，2023.9

ISBN 978-7-5219-2366-7

Ⅰ. ①湿… Ⅱ. ①宋… ②付… ③李… Ⅲ. ①沼泽化地—自然资源保护—研究—苏州②沼泽化地—管理—研究—苏州 Ⅳ. ①P942.533.78

中国国家版本馆CIP数据核字(2023)第176221号

策划编辑：唐杨
责任编辑：唐杨　孙瑶
装帧设计：刘临川

出版发行：中国林业出版社
（100009，北京市西城区刘海胡同7号，电话83143608）
电子邮箱：cfphzbs@163.com
网址：www.forestry.gov.cn/lycb.html
印刷：北京博海升彩色印刷有限公司
版次：2023年9月第1版
印次：2023年9月第1次印刷
开本：889mm×1194mm　1/6
印张：10.5
字数：166千字
定价：168.00元

夫地之有百川也，犹人之有血脉也。

血脉流行，泛扬动静，自有节度。

百川亦然。其朝夕往来，犹人之呼吸气出入也。

天地之性，上古有之。

——王充

序

湿地保护作为生态文明建设的重要内容，事关国家生态安全和社会经济可持续发展，事关中华民族子孙后代的生存福祉。2022年，国家主席习近平在《湿地公约》第十四届缔约方大会开幕式上致辞强调："中国将建设人与自然和谐共生的现代化，推进湿地保护事业高质量发展。"

苏州湿地资源丰富，有太湖、阳澄湖等400多个湖泊，长江、京杭运河等20000多条河流，自然湿地占全市总面积的三分之一。苏州是一个被湿地浸润、繁盛起来的城市，湿地是苏州重要的生态本底。科学保护与合理利用湿地资源，彰显湿地的独特魅力，是苏州展现"强富美高"新图景的重要使命。

理解苏州的湿地与城市文明之间的关系，要有更宽广的视野和更长远的眼光。水是苏州的灵魂，苏州的历史就是一部"依水而兴"的文明史。2500多年来，苏州城市与湿地协同演进，跨越历史长河，苏州的城市文明与水交融、与湿地共生，湿地文化已经融入苏州市民生产和生活的每个侧面，滋养了城市的文明与发展。"东方水城""东方威尼斯"的美名，也揭示和证明了苏州独特的湿地资源优势和深厚的湿地文化底蕴。

中华优秀传统文化是中华文明的智慧结晶和精华所在，是中华民族的根和魂，苏州湿地文化也是中华优秀传统文化的组成部分。苏州湿地文化在城市文明中留下的烙印已经无法剥离、难以割裂，更不会褪色。

国家主席习近平指出："我们要凝聚珍爱湿地全球共识，深怀对自然的敬畏之心，减少人类活动的干扰破坏，守住湿地生态安全边界，为子孙后代留下大美湿地。"

多年来，苏州市委、市政府十分重视湿地保护工作，积极倡导的湿地保护"中国苏州模式"在国际上得到了广泛认可，总结多年来苏州湿地保护与管理的成功经验，可以为全国湿地资源保护与管理提供借鉴，起到积极的示范作用。

本书记录、梳理、总结了苏州市委、市政府及人民为积极保护湿地，高标准做好"新时代鱼米之乡"大文章，建设"国际湿地城市"的行动、经验和成效。本书的出版，将为推动苏州湿地绿色共享空间构建，为人们全面认知湿地生态和美学价值，认识湿地的生态、宣教和文化功能，作出重要贡献。

中国科学院院士
中国生态学会理事长 于贵瑞

2023年7月

目录

前言 湿地保护与管理的苏州方案：湿地助力城市发展

湿地是地球生态环境中的重要组成部分，与森林、海洋一起并称为全球三大生态系统，被誉为“地球之肾”。它是地球上生物多样性最富集的区域，也是人类最重要的生存环境之一，具有巨大的环境调节功能和生态效益。

然而，随着人口基数的增加，来自生存需要和经济发展的压力以及人们对湿地的认识偏差，湿地资源遭受过度的开发与破坏，造成世界范围内湿地面积大幅萎缩。同时，湿地的生态功能也日趋下降，引发了诸多生态环境问题和社会问题，并开始威胁到城市、区域、国家乃至全球的可持续发展，使得湿地保护日益成为一个世界性的问题。

自1971年《湿地公约》缔结以来，国际社会愈加意识到加强湿地生态系统保护与可持续发展的重要性和紧迫性。1992年7月31日，我国正式加入《湿地公约》，成为湿地公约的缔约国之一，同时开始承担更为艰巨的湿地保护任务。如何遏制湿地生态系统退化趋势成为当前我国经济管理学、环境生态学等学科研究的热点。

苏州位于长江三角洲的地理中心，北枕长江，西抱太湖，市域内河港交错，湖荡密布，河流与湖泊众多，有“水乡泽国”“鱼米之乡”之称。“君到姑苏见，人家尽枕河。古宫闲地少，水港小桥多”。千年前的一首诗词，生动描述了苏州人与湿地的密切关系。水是苏州的灵魂，苏州的历史就是一部“依水而兴”的文明史。2500多年来，苏州城市与湿地纠缠生长，跨越历史长河，城市文明与水交融，人类与湿地共生，湿地文化融入人们生产生活的每个侧面，滋养了城市的文明与发展，“东方水城”“东方威尼斯”的美名，也揭示和证明了苏州独特的湿地资源优势和深厚的湿地文化底蕴。

苏州湿地资源丰富，有太湖、阳澄湖等400多个湖泊，长江、京杭运河等20000多条河流，自然湿地占全市总面积的三分之一。作为享誉全国的“江南水乡”，苏州始终坚持生态保护优先，积极践行“绿水青山就是金山银山”的发展理念，推进湿地保护和生态文明事业。

对于一个因湿地浸润而兴起、繁盛的城市来说，湿地是苏州重要的生态本底资源，科学保护与合理利用湿地资源，彰显湿地的独特魅力是苏州展现“强富美高”新图景的关键，是跻身国际舞台，向世界展示社会主义现代化“最美窗口”的基石。

创建人与自然和谐共生的国际湿地城市，是苏州推进生态文明建设的重要举措，更是为广大市民百姓创造生态福祉的有效途径。目前，全市有重要湿地103个，总面积249770.29公顷，占自然湿地面积的93.4%，数量和监管比例位居全国地级市第一。自然湿地保护率从2010年的8%提升至72.4%；2022年苏州自然湿地保护率连续两年位居全省首位。

多年来，苏州市委、市政府十分重视湿地保护工作，湿地保护“苏州模式”成为全国典范。

早在2012年，在苏州市人大常委会的推动下，苏州正式实施《苏州市湿地保护条例》，成为江苏省首部地方性湿地保护法规，探索“红线监管+部门联动+闭环管理”模式，以湿地红线为抓手构建监管体系。

苏州长期开展湿地系统化监测研究，自2015年起至今，连续每年发布《苏州市湿地保护年报》，在全国率先设立“湿地好不好，鸟儿说了算”的考评体系，不断优化监测网络，提升湿地监测、预警和预报能力。

苏州持续推进湿地保护修复，2022年在全省率先出台《苏州市“十四五”长江经济带湿地保护修复实施方案》，明确实行总量管控、健全管理体系、科学保护修复等政策制度。

苏州通过创新“阵地+队伍+课程”模式，打造湿地科普宣教品牌，全市湿地公园累计开展活动2000余

次，受益群众约30万人次。

经过10多年的努力，苏州市深入探索湿地保护“苏州路径”，建成湿地公园21个，其中国家级6个、省级8个，划定湿地保护小区113个。已有15块湿地达到国际重要湿地水禽数量标准，全市湿地野生鸟类种数增加了100余种，达到400多种。2018年常熟市荣获全球首批“国际湿地城市”称号，2021年苏州市湿地保护管理站荣获“第二届生态中国湿地保护示范奖”，2021年苏州湿地修复案例入选全球“生物多样性100+案例”。

党的二十大报告中提出：“加快实施重要生态系统保护和修复重大工程，实施生物多样性保护重大工程，推行草原森林河流湖泊湿地休养生息”。给苏州湿地生态保护工作提供了新的指引。当前，苏州积极创建国际湿地城市，旨在推动更有效的生态修复和环境治理措施，保护赖以生存的家园，让市民百姓更多地享受生态福利。

接下来，苏州湿地保护与管

理仍将坚持保护优先，筑牢城市生态基底。坚持科学规划引领，按照“多规合一”总体要求，将湿地保护工作纳入全市国民经济和社会发展规划及国土空间规划，推进全市湿地保护规划修编，重点打造长江沿线、太湖周边、水乡湖荡等重点片区，全面落实河湖长制管理制度，强化水资源保护。加强长江、太湖、阳澄湖等重点区域的湿地资源保护管理，编制重要湿地管理计划和预警应急预案，建设湿地智慧感知系统。推进湿地名录管理，实行湿地面积总量控制。强化湿地资源监督管理，严格湿地用途管控，为高质量发展提供良好的生态支撑。

苏州湿地管理还将充分运用“苏州智造”的技术优势和创新平台，给湿地保护插上技术的翅膀，引进先进湿地保护理念和湿地修复技术，采用“基于自然的解决方案”（NbS）开展生态修复。加强农业面源污染治理，推进农田排灌系统生态化改造试点，促进农田生态环境改善。探索开展人工湿地实践，在工业尾水提标、

城镇河道治理等领域推广应用，提升水环境质量。加强栖息地修复，利用复层围堰、生态浮岛、多塘复合等技术，提升区域生物多样性。

湿地资源人民共享，人与自然和谐共生。苏州还要积极打造更多湿地生态亮点，不断提升现有湿地资源质量，建设湿地保护宣传教育场所，发挥不同类型湿地的生态、旅游功能；推动各部门形成湿地保护宣传合力，创新形式、深挖资源，开展多角度、多渠道、深层次的宣传，提升市民群众湿地保护意识；推动公众体验，创新志愿者与自然科普教育融合发展模式，开展“湿地公民科学家养成计划”系列活动，建立健全湿地保护志愿者制度及服务体系，组织公众积极参与湿地保护，倡导绿色低碳的生产生活方式，让更多美丽苏州保护成果惠及百姓。

湿地助力城市发展，城市发展呵护湿地资源。苏州为湿地保护与管理提出的“苏州方案”，也为中国湿地保护与管理事业提供了一个范本。

壹

苏州探索 制度创新

— 制度不立，万事难行。

— 古往今来，人类逐水而居，文明伴水而生，人类生产生活同湿地有着密切联系。国家主席习近平在2022年《湿地公约》第十四届缔约方大会上的致辞中指出：中国湿地保护取得了历史性成就，构建了保护制度体系，出台了《湿地保护法》。中国将建设人与自然和谐共生的现代化，推进湿地保护事业高质量发展。

— 《中华人民共和国湿地保护法》（以下简称《湿地保护法》），于2022年6月1日正式实施。它填补了我国生态系统立法空白，进一步丰富完善了我国生态文明制度体系。以此为标志，中国湿地管理进入法治化的新阶段。

— 湿地保护与管理的立法探索与制度创新，是在相当长时间里湿地保护与管理工作者持续的努力下逐步完成的。其中，苏州湿地的立法探索与制度创新，走在了全国的前列。

01 湿地立法

2011年11月26日，江苏省十一届人大常委会第二十五次会议批准了《苏州市湿地保护条例》，并于2012年2月2日正式施行。

对于苏州湿地保护与管理，这是一个里程碑式的节点，甚至在中国湿地保护与管理的历史上，这个条例也具有标志性意义。

苏州地处江苏省东南部、太湖东岸，湿地资源丰富。全市湿地总面积在江苏省排名第三，内陆湖泊湿地面积在全省排名第一。苏州的湿地资源和湿地生态系统在维持苏州自然生态系统平衡、维护城市生态安全方面发挥着极其重要的作用。

但在相当长的时间里，湿地往往被人们当作了毫无价值的荒地或是耕地的后备资源，湿地资源的生态价值被忽视，一些湿地资源被盲目开发与利用，未能得到足够的保护与管理。

2009年统计资料显示，此前18年，苏州减少了超过130平方公里的湿地，相当于每年减少一个苏州的金鸡湖。其中，围垦和基建占用是导致湿地大幅度减少的两个关键因素。

每一片湿地的丧失都可能是难以弥补的损失。高速发展的同时如何保护生态环境，成为苏州人面临的难题。

早在2009年4月，苏州市已经成立了江苏省首家独立建制的湿地管理机构——苏州市湿地保护管理站。但实践证明，要保护好湿地资源，仅靠行政手段远远不够。

通过立法推进湿地资源保护与管理，在国际上已经证明是一个有效的路径。而中国自1979年通过《环境保护法（草案）》后，自然和环境保护相关的法案相继出台。这些法律法规覆盖了森林、渔业、野生生物、海域、防治沙漠化等领域。

湿地保护与管理、开发的严峻形势，呼唤对湿地保护立法。

早在2009年苏州市湿地保护管理站成立时，苏州市人大常委会已经开始着手保护生态环境，并于2010年成立工作小组，展开立法调研。

当时，虽然国家出台了多部与湿地保护有关的法律，但从湿地保护的角度看，还是存在着一定局限性。工作小组搜集各个省市已有的湿地保护条例，进行实地考察并起草了《苏州市湿地保护条例》。截至2012年5月，全国共有12个省出台了省级湿地保护条例，5个地级市出台了市级湿地保护法规，4个省（直辖市）针对重点湿地制定了保护法规，而且当时已经立法的多为经济欠发达地区。

湿地立法在经济快速发展的苏州能获得足够的重视并取得迅速推进，除了具有得天独厚的资源禀赋，获得历届省市领导的重视之外，当时任苏州市人大常委会主任的杜国玲对湿地和生态保护的关注，也是一个重要因素。

由于苏州市人大相关工委同步介入，并组织国土、水利、林业等各个部门召开座谈会，短时间内解决了关于湿地保护认知的差异问题，苏州的湿地保护立法很快达成了“综合协调，分部门实施”的管理共识。

2011年10月27日，苏州市第十四届人大常委会第二十八次会议审议通过第一版《苏州市湿地保护条例》。

《苏州市湿地保护条例》是江苏省内出台的首个湿地保护条例，充分体现了保护优先、统筹规划、科学恢复、合理利用、持续发展的原则，并融合了苏州地方特色，在多方面作出了突破和创新，其中最突出的亮点包括新增湿地征占用前置审核、组建湿地保护专家委员会等。

《苏州市湿地保护条例》共分二十九条，主要明确了湿地的定义、湿地管理体制、湿地保护措施以及法律责任等内容。

《苏州市湿地保护条例》在“湿地定义”中将永久性水稻田等具有特殊保护价值的人工湿地纳入了湿地保护范围，这既符合国际《湿地公约》的要求，也较好地体现了苏州江南“鱼米之乡”的特色，又有利于加强基本农田保护。虽然《湿地保护法》实施后，将水稻田划出了湿地范围，但回头看，这一做法仍是苏州湿地保护方面的重要探索，属于阶段性成果。

在湿地认定方面，《苏州市湿地保护条例》明确了市级重要湿地和一般湿地需要按照“认定条件”进行认定，并由市、县级市（区）政府公布名录与范围，“认定条件”则由政府部门组织湿地保护专家委员会制定。在湿地征占用许可中，规定市级重要湿地和一般湿地的征收、征用或者占用均须经过审核，并根据审核同意的湿地保护方案开展湿地恢复、保护工作。此外，除了对擅自征占用湿地和破坏湿地资源的行为予以处罚外，《苏州市湿地保护条例》对未按要求恢复、保护湿地的行为也明确了处罚措施，加大了湿地保护力度。

《苏州市湿地保护条例》在条文和实践中最大的推动，是在这一版条例中，实现了新增湿地征占用前置审批。确切地说，是参考国外案例，提出设立湿地征占用许可，来减缓小斑块的受扰。任何在湿地斑块周围的开发，都要经过湿地管理部门的审核，获得许可才行。

《苏州市湿地保护条例》的实施，为苏州湿地保护与管理带来了明显的变化。

《苏州市湿地保护条例》实施后不久，到2013年，吴江肖甸湖村，一个占地1.5万亩的大型湿地公园被纳入保护范围，成为国家湿地公园试点，此即后来的同里国家湿地公园。在公园核心区域，为了不惊扰野生动物，甚至连一盏路灯都没有安装。这片湿地的保护成果，也成为《苏州市湿地保护条例》实施效果的缩影。在《苏州市湿地保护条例》的保障下，苏州的湿地公园如雨后春笋般涌现，野生动植物也日益增多。

2013年，苏州市人大常委会在《苏州市湿地保护条例》实施后进行首次执法检查时，苏州湿地退化、丧

失的趋势尚未得到根本遏制，随意侵占、破坏湿地的现象依然存在。到了2018年，苏州市人大常委会再度进行执法检查发现，《苏州市湿地保护条例》成效已经较为显著，苏州各区市呈现出湿地保护率提高、湿地功能提升、湿地环境状况改善的良好局面，至2018年苏州市已认定重要湿地102个，恢复湿地面积4万余亩[1]。苏州市湿地保护管理站也因为保护工作出色，2021年获得第二届“生态中国湿地保护示范奖”。

在苏州对湿地保护管理立法之前，国内的省级以下城市只有武汉于2009年11月18日通过了《武汉市湿地自然保护区条例》,《包头市湿地保护条例》是在2010年6月30日通过，之后的《天津市湿地保护条例》则是在2016年7月29日通过，《郑州市湿地保护条例》于2017年4月28日通过。苏州湿地立法的先行先试、率先探索，相对其他城市十分突出。因此，国家两次赴苏州立法调研。湿地保护管理站负责人受邀作为全国唯一的湿地基层单位代表参与全国人大研讨会。

2010年11月，在苏州市人大常委会的支持和督促下，《苏州市生态补偿专项资金管理暂行办法》（以下简称《办法》）出台，生态补偿进入实质性操作阶段。

2011年，苏州市人大常委会对议案办理和《办法》实施情况开展“回头看”,进行专项督查，还特别要求审计部门将补偿资金使用情况作为重大审计项目进行审计，对将补偿资金挪作他用的乡镇，要求财政部门在下一年度相应予以核减，挪作他用的资金也要追缴退回市财政。

这一做法的目的只有一个，就是保证“生态补偿必须补偿生态”。

苏州率先出台《苏州市生态补偿条例》,同样是在全国先行先试，完成了生态补偿机制的“苏州探索”。

湿地生态补偿机制作为一种旨在平衡湿地利用与开发之中各方利益的公共制度，包含两方面的内容：一是针对湿地生态补偿的原则、利益相关者、补偿标准、补偿方式、补偿模式等方面的政策安排；二是对因湿地保护而蒙受损失的利益相关方予以补偿的方式、补偿标准的具体执行与操作；同时，通过一系列法律、管

[1]1 亩≈ 667 平方米。

理制度来保障湿地生态补偿体系的建立与实施，使其具备一定的可操作性与法律效力。

在2010年之前，发达国家已制定了一系列生态补偿制度，我国也尝试了一些生态补偿制度，如流域上下游生态补偿制度、排污权交易制度、碳排放交易制度等。2005年，国务院在《关于制定国民经济和社会发展第十一个五年规划的建议》中首次提出"加快建立生态补偿机制"，之后全国各地也陆续出台了建设生态补偿制度的相关政策。2009年"中央一号文件"明确提出，要开始启动湿地生态效益补偿试点工作，这成为我国湿地生态补偿机制建立的重要契机。

苏州市在推进生态补偿制度立法上起步早，进度快，力度大，执行好，步步争先：

2010年1月20日，在苏州市十四届人民代表大会第三次会议上，杨晓明等24位苏州市人大代表就联名提议尽快制定并实施生态补偿。苏州市政府对这份议案予以高度重视，多次召开专题讨论会议，并在综合了2008年至2010年两年生态补偿试水经验的基础上，责成市财政局牵头会同水利、环保、国土等相关部门围绕生态补偿办法的制定和实施展开一系列高密度的专题研究。

2010年1月22日，苏州市第十四届人民代表大会第三次会议作出《关于进一步加强苏州生态文明建设的决定》，明确提出建立健全生态补偿机制，出台生态补偿办法，具体落实相关政策措施并组织试点。逐步对饮用水水源地保护区、自然保护区、重要生态功能区实行生态补偿。

2010年4月，苏州市十四届人大常委会第十七次会议通过了《关于"尽快制定实施生态补偿办法"代表议案处理意见的决定》，将"尽快制定实施生态补偿办法"代表议案交市政府组织实施。

2010年7月，苏州市政府率先出台了《关于建立生态补偿机制的意见（试行）》，以政府财政转移支付的方式，对因保护湿地等生态环境而导致经济发展受到限制的社区及村落实施补偿。该建议明确回答了生态补偿"补什么、补多少、怎么补、谁来补、补给谁"的"五补"问题。在该试行意见中，明确将水稻田、水源地等

重要生态湿地与生态公益林一并作为生态补偿重点，并且指出了湿地生态补偿的基本原则。在湿地生态补偿政策的具体落实上，该意见明确了湿地生态补偿的标准、补偿资金来源以及生态补偿的保障落实等方面内容。

自此，苏州在全国率先建立了生态补偿机制。

2010年10月，苏州市财政、规划、水利、农委、环保、国土6部门联合出台了《苏州市生态补偿专项资金管理暂行办法》，规范和加强生态补偿专项资金的拨付、使用和管理，提高资金使用效益，建立有利于生态环境建设、保护的长效激励机制。

2011年至2012年，苏州市人大常委会连续两年将"关于进一步完善生态补偿机制的建议"确定为重点督办的代表建议进行重点督办。市审计部门专门把全市生态补偿政策执行和资金管理情况作为市人大常委会交办的一个重大事项进行了专题审计。

2013年1月，苏州市第十五届人民代表大会第二次会议作出了《关于有效保护"四个百万亩"，进一步提升苏州生态文明建设水平的决定》，进一步提出"要完善生态补偿机制，拓宽范围，提高标准，实现生态补偿的扩面提质，加强生态补偿资金的监督和管理，保证生态补偿资金专款专用。

2013年初，苏州市人大常委会把《苏州市生态补偿条例》列入年度立法计划。考虑到这项全国瞩目的地方性法规涉及主体多、起草难度大，市人大常委会还极为罕见地将其定为跨年度的立法项目，确保在深入论证的基础上高质量地完成这项立法任务。

2014年4月28日，苏州市十五届人大常委会第十三次会议审议通过了《苏州市生态补偿条例》，报省人大常委会批准后施行。2015年，《苏州市生态补偿条例实施细则》正式出台。

按照"责、权、利"相统一的原则，苏州市生态补偿资金每年由市及各区（市）核定后，拨付给镇、村，其中生态公益林和风景名胜区的生态补偿资金由镇安排使用，其他补偿资金由村安排使用。其中，以苏州市市区为例，重要湿地获补偿资金最多，这是因为苏州市以湖泊湿地为其整体生态系统的重要支撑，在太湖及阳澄湖周边分

壹 ● 苏州探索 制度创新

布有很多生态湿地村。苏州市生态补偿资金的区域分配体现了对生态环境保护好的欠发达地区和重要生态功能区倾斜扶持，其中吴中区受益最为明显，因为该区与太湖直接相连，拥有61.28%的太湖水域面积，生态公益林、重要湿地、集中式饮用水水源保护区等重要生态功能区覆盖面积较广。

苏州率先实施的湿地生态补偿政策让积极保护者受益。根据《苏州市生态补偿条例》，苏州市的湿地生态补偿标准从50万元/村逐步提高到80万元/村、100万元/村和120万元/村3个档次，补偿范围从太湖、阳澄湖逐步覆盖到长江、澄湖等流域的重要湿地，湿地生态补偿村增加至171个，全市每年用于湿地生态补偿的资金达1.3亿元。

苏州市生态补偿制度实施后，在短期内就显示了明显成效。其中，最明显的是促进了农田设施完善和农村环境提升，同时稳住了水稻种植面积年均下降率。2002年至2010年苏州市水稻种植面积变化很不稳定，2010年实施生态补偿制度后，水稻种植面积逐年小幅下降，保持稳定，并通过农田设施完善保障水稻不减产，同时缩小的水稻种植面积用于村庄绿化、田园整治等环境建设，加上大部分镇、村开展河道疏浚、污水处理，使得镇、村环境面貌焕然一新。其中太仓市、吴江区、吴中区及全市34个镇（街道）、31个村建设成为了省级生态文明建设示范县（区）、镇（街道）、村。

2022年，苏州市在明确生态补偿的范围、科学制定补偿标准、建立绩效考核体系、完善监督与管理、推进市场化与多元化的生态补偿体系等方面做了许多探索，为全国积累了经验和方法，有利于生态补偿制度的完善。

2012年3月，十一届全国人大五次会议上，带着推广苏州实践经验、造福社会的理想，杜国玲等多位全国人大代表向会议提交了“关于制定《国家生态补偿法》，建立健全国家生态补偿制度的议案”，提出了“建立起与国家扶贫政策相辅相成的国家生态补偿政策、建立国家战略资源储备性补偿政策、建立健全严格的审计和考评制度”三大核心思路，并从10个方面分别细化了“补偿主体、受益主体、补偿方法、补偿立法、资金监管、市场机制”等一系列生态补偿立法的重点和难点问题。

这部议案尽管当时并未立刻继续推进，但两年后的2014年，新修订的《环境保护法》中第31条规定了：“国家建立、健全生态补偿制度”，随后国务院于2016年出台了《关于健全生态保护补偿机制的意见》，要求推进生态补偿制度化和法制化。中国的生态补偿制度建设走上了快车道。

除了林业与湿地主管部门主导和推进的湿地保护管理立法工作，苏州其他部门在相关立法及持续的修订过程中，针对湿地资源保护与管理，也有亮点和创新。其中最突出的当属《苏州市河道管理条例》和《苏州市阳澄湖水源水质保护条例》。

《苏州市河道管理条例》制定于2004年9月，并自2005年1月1日起施行。《苏州市河道管理条例》对河道规划与整治、河道管理与保护等作了规定，并界定了法律责任。2019年7月26日，江苏省第十三届人民代表大会常务委员会第十次会议批准了新修订的《苏州市河道管

苏州市湿地保护管理站供图

理条例》。

《苏州市河道管理条例》对河道的生态功能保护有针对性的规定，如第三十四条规定："因城市建设确需填堵原有河道的沟汊、贮水湖塘洼淀和废除原有防洪围堤的，应当按照管理权限，报市、县级市（区）人民政府批准。"第三十五条："禁止在河道、湖泊内采用圈圩方式从事养殖活动。"

《苏州市河道管理条例》第四十一条还对第三十七条规定的禁止性行为设置了处罚，对放养或丢弃危害水生态安全的外来入侵物种未设置处罚规定的情况进行了补充处理。

河长制最早即肇始于太湖流域。为进一步明确各级总河长、河长责任，厘清河长与政府相关部门之间的职能关系，《苏州市河道管理条例》专设一章，第九条到第十六条规定了河长制的设立目标、设立体系、总河长职责、河长职责、河长制办事机构、河长履职流程、公示牌以及失职约谈，为落实绿色发展理念、完善水治理体系、解决复杂水问题、维护河湖生态安全提供法治保障。其中，第十条从根本上确立了河长制的架构。

苏州市委、市政府把深化河湖长制改革放在经济社会发展全局中谋划推进。2017年以来，苏州逐河逐湖设立党政河长湖长，建立河长湖长牵头、河道主官为"纽带"的"交办、会办、督办、查办"工作机制和跨省界"联合河长制"，编制实施一河（湖）一策、一事一办清单，取得了良好成效。节水型城市创建、水生态文明城市建设试点、最严格水资源管理制度考核等工作也走在全省、全国前列，河湖生态环境明显改善。

在苏州，"有事找河长"已成为苏州百姓的习惯。2022年9月20日，苏州市委和市政府主要领导共同签发了"总河长令"，对构建现代水网、建设幸福河湖作出明确部署，提出全市上下要扎实做好水安全、水生态、水资源、水文化四篇水文章，持续深化河湖长制改革，深入打好污染防治攻坚战，提出了"到2025年全市建成区基本建成幸福河湖，农村幸福河湖建设取得明显成效，绘就水清、岸绿、景美、文兴的新画卷"的目标。

近年来，苏州市更协同周边上海、浙江等地不断

探索长三角生态绿色一体化发展跨区域河湖共保联治的新机制、新路径。除了跨区域联合治水，跨部门、跨团体携手护河同样丰富了河湖长制内涵。“河长+检察长”“河长+警长”等模式不断涌现。苏州工业园区在全市首创了“河长联盟”。“外籍河长”“企业河长”“巾帼河长”“少年河长”等民间河长积极参与河湖管护，全民参与湿地管理的社会氛围愈来愈浓厚。

如今，在苏州大大小小河湖边上，河长牌林立，上面清晰注明了河湖名称、河长信息和监督举报电话等。苏州全市24643条河道全面配备了5000多名河湖长。苏州治水策略从单一河道治理向流域综合治理、从阶段性治理向常态化治理、从政府治理向全民治理转变。

《苏州市阳澄湖水源水质保护条例》是1996年江苏省人民代表大会常务委员会批准的地方性法规，于2018年11月23日第三次修正。

阳澄湖水域面积117.43平方公里，是太湖平原第三大淡水湖、苏州境内第二大湖泊，是区域防洪、排涝、引水和灌溉的重要调蓄和生态湖泊，更是苏州市重要的战略备用水源地。与此同时，作为知名度相当高的旅游目的地，大闸蟹最著名的产区，阳澄湖潜在的环境压力也比其他湿地更大。

近年来，由于阳澄湖周边经济体量大、人口密度高，在长期承受工业和生活污染排放的双重压力之下，出现了水流不畅、水资源补给不足、水环境容量降低、湖体自净能力逐步减弱等问题。为彻底解决阳澄湖湿地退化、污染的问题，从2013年后，苏州市先后实施了两轮阳澄湖生态优化三年行动计划（2013—2015年、2016—2018年），阳澄湖水质得到了很大提升。

《苏州市阳澄湖水源水质保护条例》中也明确了关于建立生态补偿机制实行生态补偿是保护阳澄湖水源水质的重要措施，规定由受益的下游地区对上游地区进行环境补偿和上游对下游造成污染而影响经济社会发展的反向补偿，有利于制约上下游环境污染。

新修订的《苏州市阳澄湖水源水质保护条例》第十八条中，对市农林行政主管部门的职责做出了具体规定；在第二十三条中，规定二级保护区内禁止的活动里，第十项为“破坏饮用水源涵养林、护岸林、湿地以及与饮用水源保护相关的植被”，再次有针对性地对湿地保护与管理做出了规定。

02 规章制度

湿地在涵养水源、净化水质、蓄洪抗旱、调节气候和维护生物多样性等方面发挥着重要功能，是重要的自然生态系统，也是自然生态空间的重要组成部分。保护和修复湿地资源，除了立法，科学合理、完整周密、具有可行性的规章制度必不可少。

为保护好湿地资源，国务院办公厅于2016年11月30日印发了《湿地保护修复制度方案》，江苏省政府办公厅随后于2017年9月1日印发了《江苏省湿地保护修复制度实施方案》，对湿地保护修复提出了新的任务和要求。

苏州湿地保护修复的规章制度建设迅速跟进。2018年10月20日，苏州市人民政府印发《苏州市湿地保护修复制度实施意见》(以下简称《实施意见》)。

《实施意见》中，苏州市为湿地修复制度确定目标：到2020年，全市湿地总面积不低于509万亩，自然湿地面积不少于403万亩，确保湿地面积不减少。国家级湿地公园达到6处，市级以上湿地公园总数维持在20个左右，全市自然湿地保护率达到60%以上，所有县（市、区）的自然湿地保护率均不低于60%。到2030年，全市自然湿地保护率达到80%，进一步增强湿地生态功能，维护湿地生物多样性，全面提升湿地保护水平。到2020年，《实施意见》中设定的2020年相关目标均已实现。

《实施意见》确立了实行湿地分级管理、完善湿地保护体系、制定实施湿地保护规划、落实湿地面积总量管控、规范湿地用途管理、多措并举增加湿地面积、严肃惩处破坏湿地行为、开展湿地资源调查评估、建立湿地监测体系等13项重点工作。其中，最为核心的举措是建立湿地分级管理体系。

根据湿地分级管理体系，苏州将全市湿地划分为国家重要湿地（含国际重要湿地）、省级重要湿地、市级重要湿地和一般湿地，并由湿地名录予以确定。

对于重要湿地，苏州采取设立湿地公园、森林公园、风景名胜区、水产种质资源保护区、水源地保护区、湿地保护小区等方式加强保护，建立覆盖全市重要湿地的保护体系，提高自然湿地保护率。

《实施意见》还规定，各县（市、区）将本辖区内省级重要湿地、市级重要湿地和一般湿地，通过湿地名录落实到具体湿地地块。严格湿地用途监管，经批准占用、征收湿地并转为其他用途的，用地单位要按照“先补后占、占补平衡”的原则，负责恢复或重建与所占湿地面积和质量相当的湿地，确保湿地面积不减少。

《实施意见》特别强调了要严格实行湿地生态红线制度。对纳入湿地生态红线范围的湿地，禁止占用、征收或者改变湿地用途。对因交通、航道、能源、通信、水利等重点建设项目确需征用、征收湿地生态红线范围以外的湿地或者改变用途的，用地单位也要依法办理相关手续，并提交湿地保护与恢复方案。

针对以往湿地生态评价指标体系不够科学完善的现状，实施意见还提出要探索建立以鸟类种类数量、水体透明度等为主要因子，适合太湖流域的湿地生态评价指标体系。

《实施意见》确立了“通过积极有效的湿地保护修复措施，增强湿地生态服务功能，保护自然岸线，逐步重塑河湖近岸带湿地，有效恢复河湖湿地生态功能。到2020年，重要江河湖泊水功能区水质达标率提高到82%以上”的保护修复管理目标。

通过落实《苏州市湿地保护修复制度实施意见》，苏州在既有湿地保护管理立法框架的基础上，迅速建立起湿地修复的基本制度架构，并在短期内实现了重要地段、区块湿地的修复治理。

早在2018年2月，苏州市林业局发布了《苏州市湿地公园科研监测和湿地宣教指南（试行）》(以下简称《宣教指南》)，明确湿地公园需要开展常规鸟类多样性和水环境质量监测，并对监测内容、方法和频率进行了统一。

其中，对鸟类多样性监测，《宣教指南》要求国家湿地公园每月监测一次，省级湿地公园两月一次，市级湿地公园每季度一次，水环境质量监测每月一次，每年统一时间报送数据，并对报送格式进行了规范统一，为开展湿地健康评估提供数据支撑，同时作为湿地公园考评的依据。

《宣教指南》为苏州湿地管理构建监测网络奠定了基础。具体而言，通过在太湖三山岛国家湿地公园内建成太湖湿地生态系统国家定位观测研究站，设置张家港沿江监测点、同里湿地公园、天福湿地公园等20个市级湿地监测点，形成了全市“1+20”湿地监测网络。在《宣教指南》的指导下，湿地监测以鸟类多样性、水环境质量为主要内容，选取大型湖泊湿地、中小型湖荡湿地、沿江滩涂湿地等不同类型生境，开展长期和系统的监测研究，为湿地公园的保护和管理提供科学数据。

在对鸟类、水环境等连续监测后，针对发现的一系列问题，苏州湿地管理部门科学指导湿地公园采取分区管理、恢复湿地植被、营造鸟类栖息地等措施，更好地保护湿地生态系统。如昆山天福国家湿地公园在鸟类观测中发现了国家二级保护动物短耳鸮，便以此为保护目标开展了栖息地修复，同时为鸟类和其他生物营造更丰富的生境。改造后昆山天福国家湿地公园鸟类种数增加57%，在云南昆明举办的《联合国生物多样性公约》缔约方大会上，昆山天福国家湿地公园实施的太湖流域700亩农田停留全中国10%的鸟种案例入选“生物多样性100+全球典型案例”，成为湿地生物多样性保护的全球典范。

长江苏州段以张家港市与江阴交界处为起点，以大合与上海宝山交界处为终点，主江堤总长约140公里（其中张家港境内64公里，常熟境内37公里，太仓境内39公里）。

2021年8月17日，江苏省林业局印发《关于进一步加强长江湿地保护修复的指导意见》，明确了全省长江湿地保护修复总体要求，随后，苏州市林业局在全省率先出台《关于进一步加强长江苏州段湿地保护修复的实施方案》，落实“共抓大保护、不搞大开发”的要求，加强长江湿地生态环境系统保护修复。

根据相关文件，到2025年，江苏省要确保长江湿地保有量不少于67.4万亩，沿江各县（市）长江湿地保护率均提升到70%以上。

2022年9月，根据江苏省林业局、推动长江经济带发展领导小组办公室《江苏省“十四五”长江经济带湿地保护修复实施方案》，苏州市在全省再次率先出台《苏州市“十四五”长江经济带湿地保护修复实施方案》，从实行总量管控、健全管理体系、科学保护修复、申报国际湿地城市等方面明确政策制度，加强全市长江经济带湿地保护修复。

《苏州市“十四五”长江经济带湿地保护修复实施方案》提出，到2025年苏州全市湿地保有量不少于509万亩，新增受保护湿地面积25万亩，湿地保护率提高到60%以上，所有县（市、区）自然湿地保护率均达到70%以上。

《江苏省“十四五”长江经济带湿地保护修复实施方案》中围绕湿地开展的工作还包括湿地资源调查评价、建立湿地监测网络、加快推进湿地名录认定和调整、严格湿地用途管制等。

为了完善全市湿地保护体系，《江苏省“十四五”长江经济带湿地保护修复实施方案》提出要加强湿地公园、湿地保护小区建设管理，以自然恢复为主、自然恢复和人工修复相结合的原则，采用基于自然解决方案，实施野生动物栖息地修复，重点加强河湖湿地、滩涂湿地、城乡湿地保护修复，促进生物多样性恢复。

针对长江经济带湿地特征，《江苏省“十四五”长江经济带湿地保护修复实施方案》提出要分类施策，突出重点领域，分级分类实施湿地保护修复措施，强化长江、太湖、阳澄湖等重要区域，构建多点位、多等级、多类型的湿地保护体系，因地制宜实行差异化保护，

在沿江区域选择合适区域打造高潮位鸟类栖息地，通过农田冬季灌水，营造浅滩、开阔水面等措施，促进长江生物多样性恢复。

《江苏省“十四五”长江经济带湿地保护修复实施方案》也提出，“十四五”长江经济带湿地保护修复实施要创新机制，实现共建共享。这也意味着，长江经济带湿地保护修复要充分发挥苏州市湿地保护管理委员会的统筹协调作用，强化湿地保护修复协同管理，探索多方参与机制，加强政府投资引导，鼓励社会组织、企业、公众等按照市场化、法治化原则参与湿地保护修复。

目前，苏州长江流域各县市湿地资源分为三级，湿地保护率约为66%，不同的湿地类型为众多动植物提供了生长发育的栖息地和生境。

湿地保护小区是湿地保护体系的重要组成部分，也是提升自然湿地保护率的重要抓手。

一般来说，在推动湿地保护时，相关部门的注意力更容易聚焦于大面积的湿地资源，比如太湖。然而根据生态学的动态平衡原理，这种生物种类越多、食物网和营养结构越复杂的生态系统相对越稳定，反而是小面积生态斑块，比如苏州400多个小湖泊和20000多条河流，对外界干扰反应敏感，抵御能力小。在这些小面积生态斑块旁边开一条路，挖一个渠，都会对该地区的生态系统造成影响，而这些影响也更容易被忽视。

为进一步规范湿地保护小区建设管理，苏州市在江苏省第一个出台了《苏州市湿地保护小区建设管理指南（试行）》，对全市湿地保护小区的基础条件、设立程序、命名方式、设施建设、管理等方面作出了规范化要求。苏州还鼓励湿地保护小区配备可视化智慧巡护设备，开展电子巡护，提升科学管理的能力，完善考核评估办法，对不合格的湿地保护小区限期开展整改，提高重视程度，为全省湿地保护小区管理提供示范经验。

根据《苏州市湿地保护小区建设管理指南（试行）》，湿地保护小区优先建立在区域重要湿地、野生动植物重要栖息地、重要水源地等具有较高保护价值或者受威胁严重的湿地区域，湿地保护小区内湿地率不低于60%，总面积原则上不超过500公顷。

2023年，在苏州市林业局《关于2022年全市湿地保护小区建设管理情况的通报》中，披露了2022年苏州湿地保护小区的建设管理情况。

2022年，张家港市、常熟市、太仓市、昆山市、吴江区、相城区、高新区、姑苏区分别新建长江江联沙、白莲湖、太浦河等湿地保护小区共23个，工业园区扩建阳澄湖湿地保护小区，新增受保护面积21.1万亩，苏州市自然湿地保护率提升至72.4%，保持全省第一。截至2023年，全市已累计建成湿地保护小区113个，其中张家港市7个、常熟市6个、太仓市3个、昆山市13个、吴江区55个、吴中区9个、相城区12个、高新区4个、工业园区3个、姑苏区1个，总面积183.5万亩。

苏州市的湿地保护小区大部分在设立程序等方面较为规范，部分保护小区在监测、巡护、宣教等方面积极开展探索，为全市湿地保护小区建设管理提供了示范经验。各地开展了巡护监管模式，部分湿地保护小区在巡护监管方面起到了一定的示范作用。

苏州下属各市区在湿地保护小区的管理上“八仙过海”，各自探索了适合本地的方案。其中，张家港市结合湿地村日常管护，开展每月巡查和不定时卫星影像核查；常熟市创新采用志愿者巡护模式，对长江湿地保护小区开展专业化、常态化、制度化巡护，“常熟市长江重要湿地巡护”案例获第二届江苏“绿篱笆环境奖”；吴江区和吴中区结合“网格巡查”以及与周边单位合作积极开展不定期巡护。

太仓市则在长江滩涂湿地建立候鸟监测点，委托专业机构开展鸟类多样性监测；苏州市相城区在湿地保护小区设置了生物多样性观测点，开展“相城区生物多样性监测综合可视化展示”系统框架搭建工作；高新区在小贡山湿地保护小区布设了智能化监测设备。

各地利用特色资源，开展了丰富多样的科普宣教活动，成为湿地科普体系的重要补充。常熟市建成五个部门、四个宣教平台、三支专职宣教队伍的湿地科普宣教体系，举办了“长江大保护 我们在行动”“我是长江

保护小卫士”等多期亲子活动，更新编制《常熟常见鸟类66种》宣教折页；太仓市建立了长江湿地保护科普教育基地，举办了一系列宣教活动；高新区围绕保护小区开展了形式多样的宣传活动，展出宣教图册、发放湿地保护手册，向市民宣传鸟类及植物识别等知识。

2021年5月，在中国林学会组织的一次湿地自然教育调研中，专家组先后对常熟沙家浜、太湖湖滨、吴江同里国家湿地公园进行了现场调研。苏州市湿地保护管理站汇报了牵头起草《湿地类自然教育基地建设导则（草案）》的有关情况，并介绍了苏州湿地自然教育基地建设、人才培养、课程设计等方面内容。当时，苏州已建成10所湿地自然学校，也是第一批苏州湿地科普宣教基地，全市已有生态讲解员98名。创建了苏州昆山天福实训基地，为全国400余家湿地公园提供了专业人才培训服务。建立了湿地志愿者队伍，组织编写了科普读物和乡土教材，开发了个性化的自然科普课程，为市民群众提供自然教育活动。

中国林学会把全国《湿地类自然教育基地建设导则》交由苏州市湿地保护管理站起草，本身就充分说明苏州市湿地保护管理科普工作经过数年的努力已经积累了一定经验。

小微湿地对环境和生物多样性保护来说，是良好的生物庇护所。就像串珠成链一样，普通湿地是候鸟的栖息地，小微湿地就是它们的驿站、踏板，在迁徙带上也起着举足轻重的作用。同时，它还是重要的洪水调蓄体、优异的水质净化器、美丽的文化娱乐场、绿色的基础设施。

乡村湿地是我国小微湿地保护、恢复、研究的重要载体，是湿地乡村的重要基础。探索以湿地空间为基础，河湖水系为纽带，实现生产、生活、生态“三生融合”的，宜居、宜游的湿地乡村模式，对于促进我国湿地保护、新农村建设和实施乡村振兴计划具有重要意义。

相较于普通湿地，小微湿地具有生态系统更加脆弱、面积小易被忽略、管理更加复杂等特点，从最初的注重恢复小微湿地的生态功能到“三生融合”模式的探索，苏州一直在不断总结经验、努力实践。

特别是近年来，苏州（常熟）践行创新发展理念，在湿地乡村建设与乡村湿地保护方面为人口密集的长三角区域乃至全国广大乡村探索出了一条保护与发展的可持续之路，其经验与模式在全国范围内具有较高的示范作用。

自 2015 年起，常熟市成为全国率先实施湿地保护生态补偿的地区之一，一年内将 8 个苏州市级重要湿地周边的 36 个湿地生态村列入生态补偿范围，补偿面积占到全市自然湿地总面积的 78%，补偿金额达 462万元（截至 2016 年 10 月），并加强对湿地生态村湿地保护工作考核，形成了市、镇、村三级管护体系，为常熟市全面开展湿地管理与保护提供了坚强保障。

自2014年起，常熟就在全市范围内开展小微湿地建设工作，通过基于泥仓溇等乡村湿地的保护管理和合理利用实践，创立了农业生产、农村生活与生态保护“三生融合”的可持续发展模式。

常熟市发展建设最为突出的湿地乡村主要为董浜镇泥仓溇湿地乡村、虞山镇沉海圩湿地乡村和支塘镇蒋巷村湿地乡村。

以董浜镇泥仓溇小微湿地为例。该湿地通过农田尾水湿地净化，实现了湿地净化与传统农业的融会贯通；通过集中式生活污水湿地净化，实现了生态技术与水乡生活的成熟应用；通过畜禽养殖废水湿地净化，实现了生态养殖与湿地技术的创新演绎。

董浜镇观智村的村民们以蛙稻共生、稻鱼共生、桑基鱼塘等有机农业模式，实现了养种结合与乡村特色完美融合；采用节水灌溉措施，降低了农业面源污染。这种生态循环大大减少了系统对外部化学物质的依赖，增加了系统的生物多样性，实现稻、鱼、桑、蚕的丰收。同时，湿地保护与社区福祉相结合，还彰显了江南湿地文化，助力乡村振兴。

支塘镇蒋巷村湿地的保护和修复以自然河流为纽带，将以稻田湿地、养殖塘、农田果林菜地为主的生产空间、村落生活空间及自然空间连接起来，使湿地自然环境、湿地农业生产与滨水乡村生活融为一体。

常熟市还把水乡稻田作为建设

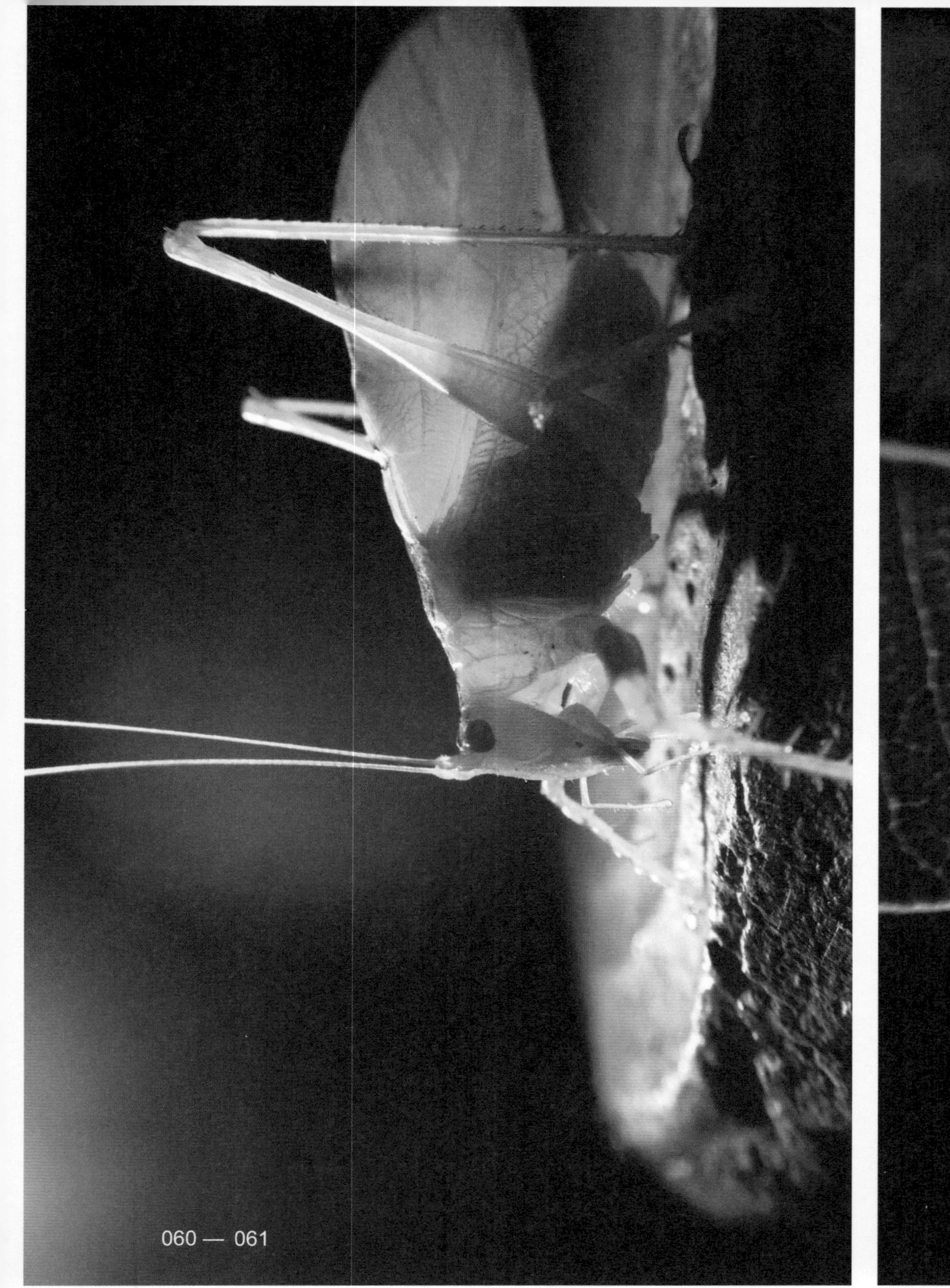

湿地乡村的核心来对待，如沉海圩湿地，主要覆盖福圩村和方浜村两个村，结合退田还湿，种植莲藕、芡实等水生蔬菜。既可以净化水质，又能兼顾经济效益和生态功能。

值得一提的是，在进行湿地乡村建设中，对于湿地的认识并没有停留在为村民家门口增添一片绿色、还一片清澈的水面的层面，而是更注重人与湿地和谐相处。

2022年11月13日结束的《湿地公约》第十四届缔约方大会，通过了21项决议，以苏州（常熟）经验为蓝本的《加强小微湿地保护和管理》等3项决议获得通过，这是自1992年我国加入《湿地公约》后首次提交并顺利通过的决议草案。苏州“小微湿地保护”经验全球推广，继“昆山天福湿地”获得“全球生物多样性案例100+”后，苏州再次为全球湿地保护贡献了“中国方案”。

2023年3月19日，苏州三地发布《阳澄湖生态环境联保共治行动方案》。作为苏州境内第二大湖泊，阳澄湖是“四角山水”东北角绿楔，水体列入《江苏省省级重要湿地名录》，环湖出入湖河道共计123条。湖面涉及相城区、工业园区和昆山市。

近年来，苏州市委、市政府高度重视阳澄湖生态保护和综合整治，先后实施三轮阳澄湖优化行动方案，阳澄湖水质总体呈不断改善趋势，但仍存在湖泊总磷、富营养化问题突出、湖体底泥污染较重、生态岸线功能不足等问题。

按照2012年出台的《苏州沿阳澄湖地区控制规划》，阳澄湖规划为昆山及苏州市区永久性水源地，沿岸三百米纵深地区禁止开发。苏州市规划部门介绍，阳澄湖规划总面积达220平方公里，其中水域面积113平方公里，陆域面积107平方公里，规划湿地保护区、饮用水源保护区及其沿岸相关三百米纵深地区作为永久性水源地保护。

从2013年至2018年，苏州市先后实施了两轮“阳澄湖生态优化三年行动计划”。在这些计划中，压缩围网面积都是重点内容。

2018年12月底，阳澄西湖上的所有围网一举撤掉。2016年初，苏州市出台《阳澄湖生态优化行动实施方案》，三年投资近45亿元人民币，保障饮用水安全。根据实施方案要求，苏州加大了对阳澄湖生态保护的力度，2016年年底，湖区围网养殖面积便从3.2万亩滑落到1.6万亩，而20世纪，湖中围网养殖的面积曾超过14.2万亩。2007年时，阳澄湖4个水质断面监测数据中，氨氮浓度还有0.83毫克/升，总磷浓度也尚为0.071毫克/升，但到2016年，氨氮浓度和总磷浓度则分别降到0.08毫克/升和0.063毫克/升。

最新的《阳澄湖生态环境联保共治行动方案》提出，工业园区、昆山、相城三地生态环境局、水务局将组建阳澄湖生态环境联保共治理事会，建立工业园区、昆山、相城阳澄湖联合湖长制，共同解决重要问题和推进重要工作。拓展并建立阳澄湖河长联盟，充分吸收“企业河长”“社会组织河长”“民间河长”等组织和个人充实护河巡河力量。严控沿岸截污纳管，严格1.6万亩围网养殖规模和投喂方式，推进养殖鱼塘标准化改造，加大湖面及沿湖餐饮等综合整治力度，清理取缔住家船，提高环阳澄湖污水收集处理效率，进一步减少污染入湖入河。

方案明确以阳澄湖为基础，科学建设健康通畅的阳澄湖水网，逐步推进阳澄湖主要入湖河道水质全面稳定达到Ⅲ类，完成主要6条入湖河道“一河一策”治理，推动110条出入湖河道建成幸福河湖，打造环阳澄湖幸福、健康河湖群，持续提升入湖水体质量和面貌。

2019年年底，一场深化河（湖）长制改革暨生态美丽河湖建设推进会，吹响了苏州生态美丽河湖建设加速前进的号角，凸显了苏州对把“江南水网”打造成“绿色高地”的重视和决心。随后，苏州市委、市政府部署在全市范围内推动生态美丽河湖建设，构建“一轴、二带、六廊、三群、五网”的生态美丽河湖，苏州市河长办下达“全市生态美丽河湖建设五年行动计划”，同时印发《苏州市生态美丽河道建设技术指南》和《苏州市生态美丽湖泊建设技术指南》，苏州治水全面进入“生态美丽河湖”建设阶段。

根据这一行动计划，到2025年底，苏州市打造10条省级、200条市级、2000条县市（区）级生态美丽示范河湖，建成2~3条有全国影响力的生态美丽样板河湖；至2035年年底，全市实现生态美丽河湖集中连片建设全覆盖，全面展现苏州河湖的“安全之美、灵动之美、健康之美、古韵之美、和谐之美”。

苏州市吴江区和上海市青浦区交界处的元荡，是水系密布的长三角生态绿色一体化发展示范区内一颗熠熠生辉的明珠，江南水乡风韵、乡野情趣、历史文脉在这里交相辉映。然而就在几年前，元荡周边还分布着“散”“乱”“污”企业，湖面上养殖网箱遍布。吴江启动生态美丽湖泊群建设后，围绕经济社会发展需求和人民日益增长的美好生活要求，以“两纵、一横”骨干水系为依托，规划构建“一心为核、三带串联、多点聚焦”的治理布局，系统谋划“连通河湖促畅流、清淤清障增引排、岸景相融显特色、控源截污重修复、强化管理提质效”的综合治理格局。

如今，9.2公里的环元荡岸线综合整治工程，以湖荡生态观光为特色，结合水利工程建设，通过建造慢行步道系统串联和衔接整个湖岸线，挖掘水文化内涵，展现吴江“碧水安澜、清水健康、乐水惠民、自然之美”的江南诗画水乡风貌。同时，还全面扩大涉水生态产品供给，触发将“绿水青山”转化为“金山银山”的经济新动能，推进产业转型，实现生态富民。

2020年，昆山高起点建设“生态美丽河湖”，先行启动建设36条“清水绿岸、鱼翔浅底”的生态景观河，通过控源截污、清淤活水、生态修复、水系连通等综合治理，打造沿河开放空间、沿湖滨水休闲空间、生态景观廊道。

2022年，“生态美丽河湖建设行动计划”转段升级为“幸福河湖建设”。苏州市印发了《苏州市幸福河湖建设实施方案》《苏州市幸福河湖评价办法（试行）》，年度630条任务中，378条已初步建成。做好河湖岸线绿化美化，全市完成营造林3100亩。

良好的环境既是经济发展的最强磁场，又是高质量发展的生态保障。一河之变，带来的是全域环境的“蝶变”。随着绿色发展理念深入人心，“河畅、水

清、岸绿、景美”的水韵风光再现苏州大地，大大小小的河道、湖泊清水潺潺，如同一条条生态廊道，为城市赋予灵动之美；以“城水相融，人水相亲”的发展理念，推进生态美丽河湖集中连片建设，展现苏州河湖“和谐之美”。

2022年8月19日，苏州市自然资源和规划局在苏州组织专家召开由江苏省基础地理信息中心承担的“苏州市生态保护红线重点区域监测项目”成果验收会。作为苏州市自然资源调查监测先试先行的项目，“苏州市生态保护红线重点区域监测项目”围绕苏州市生态空间管控工作，以“三调”成果为底版，融合基础测绘、地理国情、变更调查、遥感影像等多源数据，构建了反映区域生态基底、侵扰、修复的监测指标体系，探索了内外业结合的生态保护红线重点区域监测技术方法，初步建立了疑似负面清单图斑“识别-监测-反馈-整治”的工作机制。

在苏州，“生态保护红线”一直受到极大重视，在生态保护中发挥了重要作用。

早在2015年11月30日，中央电视台《新闻联播》节目曾以“新理念新发展，江苏苏州：生态红线划得出守得住”为题报道了苏州市划定生态红线、实施生态补偿、农村环境整治等工作。

从2013年开始，苏州将全市总面积的37.77%划入生态红线保护范围，在江苏省13个地级市中占比最高，也远远高于全省22.23%的平均占比率。而吴中区87.1%的面积属于生态红线区——在苏州市环保局环保地理信息系统里，这两个数字引人注目。

有媒体曾提问：以不足全国0.1%的国土，创造了全国2%GDP的苏州市，划出这么多生态红线区域，是否会影响苏州经济的发展?

时任苏州市主要领导说：“新常态下，苏州已经转变发展模式，苏州正在用生态红线来倒逼绿色发展。”

对生态红线划定的区域，需要严格的生态准入措施，对占用生态用地和空间的项目要严格把关。在苏州，无论是否是税源大户，凡是不符合环保政策的，一律“关停并转”。破解资源环境“硬约束”，苏州有“硬措施”。

新时代有新风尚、新理念。如今，在苏州全市，“生态红线不可侵犯，绿色发展势在必行”这样的理念已经深入人心。

03 保护管理

湿地保护与修复相关立法与规章制度建设重要，保护管理工作同样重要。

在苏州湿地的保护管理工作中，苏州湿地管理部门依据相关法律法规，结合苏州具体实际，突出苏州特色，保护管理工作有声有色。

管理体系的建立，从2009年苏州市湿地保护管理站开始。

苏州的湿地资源在江苏全省名列前茅，在全国城市中也堪称第一。因此，苏州对湿地保护管理工作一直十分重视，寄予厚望。

2009年，当时的苏州林业局还隶属于苏州市农委。新成立的苏州市湿地保护管理站用的是之前挂靠在林业站的编制。当时林业站的部分工作人员也都转到新的湿地保护管理站工作，湿地保护管理站成立之初的7个工作人员中，有5个都是原来林业站的工作人员。在园艺站7个编制的基础上，又从编办争取到3个编制，凑满了10个人，成立了苏州市湿地保护管理站。

苏州市成立湿地保护管理站，不是撤并原有机构，而是在林业站之外增加了湿地资源管理机构，可见当时苏州对湿地保护管理工作的重视程度和决心。

当时国家湿地保护管理中

心也刚成立不久，林业、野保、湿地管理机构，在很多地方架构分割并不清晰。但最终苏州市湿地保护管理站仍然独立设置，用苏州市湿地保护管理站站长冯育青的话说，苏州湿地管理就是要“纯粹一点儿”。

2009年4月，苏州市湿地保护管理站成立。苏州成为全国地级市中第一个成立独立湿地管理机构的城市。时任国家林业局湿地管理中心主任的马广仁参加成立大会当时送了一个美名：“天下第一站”。

新成立的湿地保护管理站将从何处着手打开工作局面？

冯育青说，大部分情况下，湿地保护管理站的保护管理工作，都是有相应的政策文件、管理制度支撑。更多情况下，需要的是探索、实干，是敢想敢试。只要方向是正确的，把怎样和社会经济发展结合作为出发点，各方找到平衡点一起发力，保护管理体系就可以持续。

实行湿地分级管理是苏州湿地保护管理的亮点之一。

具体而言，实行湿地分级管理是将全市湿地划分为国家重要湿地（含国际重要湿地）、省级重要湿地、市级重要湿地和一般湿地，并由湿地名录予以确定。

一般湿地名录认定工作由苏州市各县（市、区）人民政府完成，并向社会公布。

2013年6月19日，苏州市政府公布了“苏州市级重要湿地名录（第一批）”以及“苏州市级重要湿地四至范围及面积”。

苏州市湿地分级管理工作是在《苏州市湿地保护条例》于2012年2月2日正式实施后，开始启动的。为此，苏州专门成立了湿地保护专家委员会，并开始启动重要湿地、一般湿地认定。重要湿地、一般湿地被认定后，进一步明确湿地范围和界线，为此后国土、规划等部门提供征占用湿地审核依据,严格湿地征占用管理。

第一批被认定的102个苏州市级重要湿地生物多样性丰富，并具有显著的历史文化保护或科学研究价值。

苏州市级重要湿地名录（第一批）

长江（张家港市、常熟市、太仓市）
太湖（吴江区、吴中区、相城区、高新区）
阳澄湖（昆山市、相城区、工业园区）
澄湖（昆山市、吴江区、吴中区）
白蚬湖（昆山市、吴江区）
万千湖（昆山市、吴中区）
黄泥兜（吴江区、吴中区）
三角嘴（相城区、姑苏区）
章水圩（昆山市、吴江区）
暨阳湖 昆承湖 尚湖 南湖荡 官塘
陶荡面 六里塘 常熟沙家浜国家湿地公园
金仓湖 太仓太丰西庐湿地公园 淀山湖
傀儡湖 长白荡 明镜荡 白莲湖 商鞅湖
汪洋荡 陈墓荡 杨氏淀湖 巴城湖 鳗鲡湖
天花荡 急水荡 雉城湖 夏驾河 阮白荡
昆山国家城市湿地公园 北麻漾 元荡
昆山天福省级湿地公园 长漾 三白荡
南星湖 金鱼漾 同里湖 汾湖 石头潭
雪落漾 九里湖 沐庄湖 张鸭荡 莺脰湖
大龙荡 袁浪荡 长崎荡 长荡 庄西漾
南参漾 蚬子兜 孙家荡 长田漾 诸曹荡
方家荡 郎中荡 西下沙漾 沈庄漾 东下沙荡
徐家漾 蒋家漾 桥北荡 荡白漾 前村荡
普陀荡 北角荡 野河荡 迮家漾 凤仙荡
南万荡 杨家荡 上下荡 杨砂荡 同字荡
何家漾 钟家荡 季家荡 黄家湖 东藏荡
吴天贞荡 陆家荡 镬底潭 尹山湖 下淹湖
漕湖 盛泽荡 鹅真荡 独墅湖 金鸡湖
青剑湖 苏州荷塘月色省级湿地公园 石湖
东沙湖湿地公园 莲池湖公园 苏州太湖湿地公园

与湿地分级管理几乎同时启动的，还有湿地公园的建设工作。

2012年8月8日，苏州市林业局制定发布了《苏州市湿地公园管理办法（试行）》。根据管理办法，苏州湿地公园分为国家湿地公园、省级湿地公园、市级湿地公园和县（市、区）级湿地公园。

其中，国家湿地公园由已经完成初步建设的省级湿地公园升级建立，其建立、建设和管理按照《国家湿地公园管理办法（试行）》执行；省级湿地公园由市级湿地公园升级建立，其建立、建设和管理按照《江苏省湿地公园管理办法》执行。

市级湿地公园的建立，由所在地县级市（区）农林行政主管部门经同级人民政府同意后，向市农林行政主管部门提出书面申请，提交湿地公园总体规划等材料。市农林行政主管部门组织相关专家评审后，报市人民政府批准。对于跨界市级湿地公园的申报，由所在地人民政府协商一致后，按照申报程序提出申请。

县（市、区）级湿地公园的建立，由所在地县级市（区）人民政府批准。所在地县级市（区）农林行政主管部门负责本行政区域内湿地公园的指导和监督工作。

为了规范、促进各级湿地公园的保护、管理、修复工作，《苏州市湿地公园管理办法（试行）》要求，对苏州市行政区域内的湿地公园实行星级动态评定制度。具体为每年由市农林行政主管部门组织专家，依据《苏州市星级湿地公园评估标准（试行）》内容，对全市湿地公园进行星级划分和评定，评级结果将面向社会公开。星级湿地公园分为三星、四星和五星三个级别。被评为星级的湿地公园应当在入口处悬挂相应的星级标牌，并可以享受项目申报、湿地公园升级等活动的优先权。对未被评为星级的湿地公园，市农林行政主管部门将责令其整改。未整改或连续两年未被评为星级湿地公园的，由市农林行政主管部门撤销其市级湿地公园牌子或提请上级撤销其省级、国家湿地公园牌子。

苏州是在江苏省内率先进行了湿地分级管理的城市，率先建立《湿地专家委员会专家制度》的城市，也是在国内率先建立湿地公园星级动态评定制度的城市。

湿地保护管理站通过建立湿地公园星级动态评定制度，与定期发布年报相结合，促使各湿地公园之间建立起竞争、比较、向上看齐的氛围，排名靠后的湿地公园也开始重视排名分数和星级，慢慢将一些常规的考核项目固定化，解决了很多地方湿地公园因为管理体制特点，常出现对科研监测等工作重视不足，或是随着湿地公园领导更换相关工作受到影响的情况。与之相比，苏州湿地公园的管理在全国都走到了前面。

对湿地公园通过动态星级评定等方式进行系统化管理，这是苏州湿地保护管理的原创性探索。

湿地保护与管理，在国际上欧美走在前列。苏州要对标，就对标国际最好的，包括欧美以及日韩，也包括我国台湾地区。在保护、管理、建设中，苏州湿地始终贯彻了“请进来、走出去”的思路。特别是对湿地保护管理做得比较好的我国台湾、香港，考虑到语言上沟通方便，引入得更多。

2022年10月，苏州市林业局发文，严格规范湿地占

用征收管理，强化事中事后监管，督促各地对到期的临时占用湿地项目进行验收或办理延期，严格落实湿地征占用事中事后监管。

根据《湿地保护法》规定，临时占用湿地的期限一般不得超过两年。临时占用湿地期满后一年内，用地单位或者个人应当恢复湿地面积和生态条件。对于施工期较长的工程，可参照《中华人民共和国行政许可法》第五十条的规定，在临时占用湿地期限届满前，由建设单位提出延续申请，逐级行文上报原批准单位办理延续手续。

严格落实湿地征占用事中事后监管，对区域湿地保护有重大意义。一是维持区域湿地保有量。确保用地单位严格落实先补后占、占补平衡的原则，恢复或重建湿地面积与所占的湿地面积相当，避免因为区域经济发展造成湿地面积减少；二是保障湿地生态功能不受损害。占用湿地需编制恢复方案，林业部门严格监督指导，确保施工单位按照湿地保护修复方案进行修复，以保障区域湿地生态系统科学恢复，生态功能得以恢复；三是实现发展和保护的平衡。在面积不减少、不损害生态功能的前提下，合理合规利用生态红线范围外的湿地，保证湿地保护与城市发展的平衡，符合国际湿地城市“保持社会经济文化发展与湿地生态系统服务间的密切关系”的理念，实现湿地与城市相生相融。

作为全国最早一批出台湿地保护与管理条例的地级市，苏州当时在宣传教育方面有大量工作需要做。

由于湿地本身具有过渡带特征，与其他各类管理对象如农田、水体在空间上有交集，太湖本身是一个湖泊，有很多职能部门在管理，包括水利、渔业、农业……其他部门出于各自部门的职责和管理诉求，有不同的要求，对于湿地管理有一定的不理解。对于湿地保护与管理最关注的生态功能和生态安全，与其他部门关注的点并不一定都能重合。在关注生态功能和生态安全之前，有些工程项目是“不生态”的。比如有些湿地，蝌蚪在变成青蛙后因为堤坝原因无法上岸，就不是传统水利部门会关注的问题，但在湿地保护与管理的角度，则必须重视与纠正。

在《苏州市湿地保护条例》(以下简称《条例》)推

进阶段，条例中提出要在工程项目中增加一个前置审批的行政许可，亦即凡是进入湿地的工程项目，湿地管理部门都要审批。在此之前，环保已经有前置一票否决的审批环节。最终，湿地的前置审批仍然独立地设置。在当时的背景下，要在工程项目审批中新增这样一个前置的许可环节，困难可想而知。为此苏州市人大常委会还组织召开了专门的论证会。这一方面体现了苏州作为湿地城市的特殊性，也表明苏州对湿地保护与管理给予了特别的重视。

《条例》中的前置审批，置于了国土审批之前。建设单位如果不了解情况，国土部门会告知建设单位需要先到湿地管理部门办理许可手续。

在湿地资源的保护与管理中，各个部门有多个“红线”，包括“生态红线”“耕地红线”……各个部门在此会形成互动。重要湿地红线管控，与环保部门的生态红线有许多重叠，为了降低审核造成的问题，与国土和环保等部门会商审核，几条“红线”办一次认证。由于几种“红线”在现实中既有重叠也有非重叠的部分，需要做很多工作梳理，包括自然保护地的整合优化。这些工作做细做到前面，保护管理工作的合力才能更大。

在提倡“简化审批流程”的时代背景下，新增湿地征占用前置审批，并不是一件容易的事。

苏州市湿地保护管理站认为，一些便民事务的过程可以简化，但是针对稀缺性资源的保护和利用需要一定时间的评估。在生态问题上，“立等可取”式审批不一定最好。而且，湿地征占用审批还为环境保护增加了一个维度，如以前的环境评估并没有聚焦鸟类等生物多样性。

在苏州，很多建设项目不仅要做环评，还需要对鸟类以及微生物的影响做出评价，这是建设项目征收、征用或占用湿地需经过的一道行政审核手续。湿地保护管理站要求在编制的湿地保护方案里，对鸟类以及微生物的影响做出评价，这相当于为红线内的项目开发设置了一道绿色门槛。

划定湿地生态红线，确保湿地生态功能不降低、面积不减少、性质不改变……随着《条例》实施，湿地管理者也更有底气了。

沪苏湖高铁按原计划要从吴江

湿地元荡穿插而过，据吴江自然资源和规划局林业站工作人员回忆，为避免湿地被破坏，沪苏湖高铁修改了线路方案，原来的笔直线路修改成“S”形弯道，增加了项目资金投入，但避免了铁路对元荡湿地的影响。如果不修改方案，审核就无法通过，这也体现了《苏州市湿地保护条例》的法律地位。

《苏州市湿地保护条例》实施后，社会对湿地保护的重视明显提升了。凡是重大工程规划时，一定要把湿地保护红线拿出来比对，绝不敢越雷池一步。

2014年，吴中区西山岛出入通道扩建工程占用湿地，需办理相关手续。刚开始时，当地有关部门有些不理解，环评、国土等手续都办好了，为何还要湿地保护方案？为此，湿地保护管理站主动上门协调，宣讲《苏州市湿地保护条例》，最终及时办理了相关手续。“湿地保护这么严格，看来以后规划建设项目，都得提前比对湿地红线了。”有关部门感慨。

在《湿地保护法》之前，苏州已经在湿地行政管理执法上有了10年的实践探索，积累了大量经验。为此，全国人民代表大会和国家林业和草原局都多次专门到苏州的调研。苏州市湿地保护管理站站长冯育青也代表苏州湿地管理部门在《湿地保护法》的征求意见会议发言。

2017年后，出于对行政审批的精简需要，湿地保护管理部门的审批从行政许可变更为内部征求意见，相关的一些内容与环评环节结合。通过多年宣传，现在已经形成了共识，建设单位只要遇到施工涉及湿地，就会主动来湿地管理部门征求意见。尽管与之前的前置审批相比更为柔化，但整体管理的效果仍然很好。

苏州市湿地保护管理站以“江苏太湖湿地生态系统国家定位观测研究站”为平台，在全市湿地公园、重要湿地等湿地生态较好及生态区位重要的点位布局监测，形成“1+20”（1个观测站、20个监测点）的监测体系。长期开展系统性湿地生态监测研究，具备对水文水质、气象、土壤、生物等方面指标的全面观测能力。探索建立以鸟类多样性、水体透明度、水体微生物等为主要因子，适合太湖流域的湿地生态评价指标体系，完善评价标准、积累监测数据，为湿地健康发展把脉。

自2015年起，苏州市湿地保护管理站持续定期监测苏州市重要湿地的透明度、颗粒物、溶氧、总有机碳、浮游生物、底栖生物、鸟类多样性、水体微生物等指标，通过数据的积累与分析，加强生态风险预警，为湿地保护与恢复提供科学依据。逐步完善科研监测平台，重点打造监测可视化平台，实现观测数据的定时自动采集、处理、存储和通信，逐步形成全市湿地生物指标观测网络，为苏州湿地的观测提供基础数据和效果展示，并以此为基础，形成苏州市湿地修复示范案例，为湿地修复提供技术支持。

在苏州湿地监测体系中，三山岛的江苏太湖湿地生态系统国家定位观测研究站是国家林业和草原局166个建成站中的一个。

早期三山岛上的交通非常不方便，村民出入都是固定时间快艇。最早是从拿地到招标，都是湿地保护管理站自己的工作人员负责全部建成。2013年拿到可行性批复，当时条件更为艰苦，造房子的原材料，也都靠船运上去。房子造好，然后仪器设备、办公用品再运上去。到2016年才基本建成试运行。2018年正式运行，开始为国家林业和草原局提供数据。

定位站最初招聘的工作人员都是合同制。工作条件艰苦，需要全天24小时在岛上，不能离开。岛上前期没有快递，也没有可以购物的商店，做饭也只能自己解决。特别是冬天和夏天，对工作人员来说更是严峻的考验。随着工作任务增加，人员逐渐增多，到2021年，站内工作人员已经达到4人，基本都是刚毕业不久的女生，每一两年都会轮换。

艰苦的工作条件并没有成为定位站开展监测工作的阻碍。依托太湖湿地国家定位观测研究站，不断优化全市湿地监测网络，布局100个鸟类监测区和20个水质监测区，长期开展系统化湿地生态监测与研究，全年采集数据达700余万条，系统分析湿地变化，科学指导湿地保护。太湖定位站在全国190家定位站评估中，连续3年考核优秀。苏州电视台、澎湃新闻专题报道定位站两位工作人员远离城市、坚守科研岗位的事迹。

积极开展科学研究，指导湿地保护修复，组织开

展的“微生物—植物耦合改善太湖湿地水下光照环境技术研究与应用”项目，荣获梁希林业科学技术进步奖二等奖。指导实施的天福湿地公园保护修复工程成功入选“生物多样性100+全球典型案例”，成为湿地生物多样性保护的一个中国样本、全球典范。指导实施的太湖湖滨和常熟南湖2个湿地公园修复案例成功入选江苏省首届“最美生态修复案例”。

评审时，有评审专家说，作为一个地级市且没有高校牵头做科研的湿地保护管理站，能把科研监测做到这个程度，苏州市湿地保护管理站应该是唯一一个。

贰

苏州实践 修复创新

— 湿地修复是人工措施或自然干扰使退化湿地恢复原来状态的过程。

— 2018年，苏州市政府印发《苏州市湿地保护修复制度实施意见》，正式开启了苏州湿地修复的实践。

— 实际上，2018年以前，苏州已经在不同层面开始了湿地修复工作。在几年的实践中，苏州秉持“绿水青山就是金山银山”的理念，紧紧围绕湿地生态功能恢复，针对湖泊湿地、河流湿地等不同湿地类型，完成了阳澄湖、尚湖、铁黄沙等许多修复创新案例，做出了广泛的探索，为各地湿地修复提供了宝贵的经验。

01 湖泊湿地修复

2022年，经国务院同意，国务院6部门联合出台了新的《太湖流域水环境综合治理总体方案》。这也标志着新一轮太湖治理工程开启。

2023年全国人民代表大会会议期间，国家主席习近平参加江苏代表团审议，十分关心太湖治理，并对实现新一轮太湖治理目标提出了新要求。

由于历史原因，苏州湖泊湿地周边多有违章建筑、设施，包括各种养殖设施、亲水平台等。为了尽快修复湖泊湿地，以苏州湿地管理机构为主的苏州各相关职能部门齐抓共管，推进了一轮又一轮拆违工作，克服了种种困难，取得了辉煌战果，也总结出大量经验。

以2020年的拆违工作为例。为保护太湖水生态环境，9月14日，苏州多部门联合执法，对东太湖水域内迄今无人认领的亲水违建平台进行拆除。

当天一早，水警、渔政、水政三部门联合执法，对东太湖临湖镇黄垆港至腾飞路西侧段，2000亩水域内近40个违建的亲水平台启动拆除。这些私自搭建的亲水平台面积多在20到30平方米，大一点的上面还有简易的遮雨木屋。

这些亲水平台没有建设审批的依据，属于非法搭

建。“拆违”最主要的目的，就是要保护太湖的水生态水环境。

2018年5月25日，苏州市人民政府召开新闻发布会就太湖围网拆除补偿方案进行说明。江苏太湖渔业管理委员会办公室主任王小林表示，2018年12月底前太湖苏州市行政区域内水域的4.5万亩围网将全部拆除到位，2019年6月底前完成拆除任务。

太湖地区自古是著名的“鱼米之乡”，梅鲚、“太湖三白”湖鲜等声名远播。其中，太湖大闸蟹最负盛名，年产量近3000吨。2017年全年太湖渔业捕捞产量为6.8万吨，产值约6.2亿元人民币。

根据补偿方案，国有水域占用补偿费为6912元/亩，提前终止养殖补偿费为6500元/亩・年（按两年计），养殖设施补偿费则为4000元/亩；此外，还将提供1940元/人・月的转产转业补贴(每一养殖使用权证按两人计，每人补贴24个月)。因围网拆除转产转业的农民，由各区人民政府纳入社会保障体系。

据悉，补偿款在养殖使用权人自签订协议之日起15日内首付50%，余额在2018年12月31日前自行移交围网设施之日起15日内一次性付清。在规定的期限内签订协议和自行移交围网养殖设施和经评估的生产生活设施的养殖使用权人，还将给予额外奖励。

对于部分内塘，也进行了标准化改造。以太湖东山镇为例，该镇有4.5万亩内塘，通过标准化改造、设立尾水排放处理区的方式，对养殖区域尾水进行净化处理，确保达标排放。水环境得到有效保护，生态质量明显提升。以河虾养殖为例，亩产将由原来的25kg提高到50kg以最高达75kg，经济效益明显。

通过坚决贯彻落实中央对太湖流域水环境治理的决策部署，进一步推进太湖水环境整治工作的扎实举措，苏州有效改善太湖水域生态环境，确保饮用水质量安全，树立和践行“绿水青山就是金山银山”理念，加快建设美丽苏州，为人民创造更加美好的生态环境。

太湖芦苇湿地管理也是太湖湿地修复中的一个重要课题。

秋冬时节，部分水生植物开始枯萎，它们的残体会给滨湖水质带来负面影响。为了有效保护和改善太湖水质，吴中区沿太湖各区、镇、街道开始对芦苇等水生植物进行集中处置，给超过万亩的湿地“剃个头”。

位于苏州太湖国家旅游度假区的渔洋山下，作业人员穿着长筒胶鞋站在浅滩里，全力收割着倒伏的芦苇。发黑腐烂的残体，将产生一定量的氮磷，数量一多，就会给湖滨带水体带来二次污染。除旧方能迎新，对陈年芦苇等湿地植物的收割，还能够更好地促进新的太湖芦苇、香蒲等湿地景观植物的生长。

在为湿地“剃头”前，吴中区相关部门也做好了规划，包括对太湖沿线芦苇和湿地进行了航拍测绘，同时结合实际，制定年度环太湖芦苇、湿地植物收割处置实施方案，确定收割处置面积。

目前的相关规划充分考虑到以芦苇为栖息地的鸟类的生态需求，实行了轮割，避免一次性大面积收割完影响鸟类栖息。

这些变化是缘于参与太湖湿地监测项目的一些观鸟爱好者，看到太湖芦苇湿地大面积收割芦苇，没有为鸟类保留栖息生境，便及时向湿地管理部门反映情况。湿地管理部门充分了解了相关情况，并参考了一些科研成果，向有关地区提出了建议。

特别是太湖湖滨国家湿地公园，秉承全面保护的发展策略，将鸟类作为生态修复的指标性物种，在营造丰富多样的湿地生境的基础上，对环境进行严格的监测和管理维护，坚持轮割芦苇管理、适度打捞水草等科学管理方式，观察到的鸟类数量创历史新高。

“尚湖退田还湖”是一个湿地修复的成功案例。

几千年来，尚湖可谓历经沧桑。20世纪六七十年代，在那个以粮为纲的年代里，人们纷纷向湖泊要粮食，尚湖成了围湖造田的牺牲品，19000多亩水面只剩下2000多亩零星水泽。与湖为邻的虞山生态环境也因为围湖造田而失去平衡。由于缺乏水的滋润，虞山上的树慢慢枯萎变黄，小气候干燥闷热，飞鸟没了踪影，原本名声在外的虞山宝岩杨梅更是无处可寻。

1985年7月23日，尚湖开闸放水仪式举行，干涸了18年的尚湖重新呈现千顷碧波的美景。这是一项庞大的工程，围堤筑岛、退田还湖掀起了全民参与的热潮。

苏州（常熟）人以极大的热情投身其中，挑出125万方土，筑成长21公里的环湖大堤和1.4公里的串湖大桥，以及总面积0.73平方公里的7个洲岛。尚湖水面恢复到1.2万亩。

1985年以来，常熟市加大投入修复尚湖生态，在湖中的荷香洲和钓鱼渚等小岛和环湖地区大规模植树造林、种花栽草。

常熟理工学院教授卢祥云坚持观鸟20多年。他发现，尚湖退田还湖后，绝迹多年的鸟类纷纷回归。一些候鸟甚至改变了生活习性，一年四季都驻守在尚湖，成为地地道道的“留鸟”，见证了常熟生态自然的回归。

经过30多年的保护恢复建设，现在尚湖水草丰美，岸边绿树依依，水质常年保持在国家地表水二类标准，多次发现国家二级保护动物——鸳鸯在此栖息。

作为苏州重要的饮用水水源地之一，阳澄湖水环境的治理极为重要。近年来，苏州市围绕阳澄湖水环境治理，先后开展了几轮阳澄湖生态优化行动，实施阳澄湖综合治理工程，通过多渠道控源截污，净化水源地每一根毛细血管，推动阳澄湖水环境持续改善。

2021年，相城区8个国省考断面水质均值全部达标，较去年同期提高25个百分点，优于Ⅲ类比例达87.5%，较去年同期提高12.5个百分点。苏州工业园区阳澄东湖南和阳澄湖水源地水质稳定达标且持续改善，2021年水源地水质监测数据为历年最佳，总磷浓度较2016年下降51%，阳澄湖水源地成为整个阳澄湖水质最好的区域。

相城区各板块利用太湖流域入河湖排污口排查成果，编制完成“一口一策”，从根本上解决污水入湖问题；针对阳澄湖游船对断面浮船干扰问题，相城区太湖水污染防治办公室会同城投集团开展了航道迁移；针对农业养殖污染问题，区太湖办会同农业农村局开展池塘尾水专项检查，并印发《相城区渔业养殖尾水净化区运行维护长效管理指导意见》；针对入湖河道总磷负荷较高问题，水务部门牵头开展16条阳澄湖沿线支河劣质水体整治工作，目前15条已完成整治，总体进度95%。为加强阳澄湖水生态修复扩容，区太湖办配合开展水生植被修复工作，目前已累计播种菹草、微齿眼子菜、金鱼藻、穗花狐尾藻、苦草等4231.97亩。

近年来，苏州工业园区也在阳澄湖水源地保护上持续不断地开展多项工作，实施了隔离防护工程、水源涵养工程、水质监测及水源地监控、藻类拦截工程、渔船码头及航道灯建设工程、其他污染源整治工程等各项工程措施。阳澄东湖南和阳澄湖水源地水质稳定达标且持续改善。

智慧治水让流域治理更“聪明”。2020年，苏州工业园区发布《水源地巡查管理办法》，建立问题交办、督办机制，累计开展水源地巡查90余次，及时发现并有效解决污水乱排、绿化破坏、非雨出流等隐患问题46处，形成了问题发现、整改、监督的有效闭环。2021年4月，苏州工业园区又开展水源地保护区内工业、商业、住宅小区等各类排水户的排口专项巡查工作，为期2个月，对288个排口“全扫式”现场核实，在此基础上建立起“水环境管理—排口管理—排水户管理”三位一体的管理方式。据悉，下一步，苏州工业园区将在地理信息系统和现场巡查app的基础上，用“雨污管网+排口+排水户”一张图管好所有排口，管好排口的每一滴污水。

苏州湿地修复不仅有决心，有执行力，也很注重科技含量。在滨湖水岸带湿地修复中，苏州采用了复层生态岛、生态浮岛等技术。

苏州人工生态浮岛是一种生物和微生物生存繁衍的载体。在富营养化水体中浮岛上植物悬浮于水中的根系，除了能够吸收水中的有机质外，还能给水中输送充足的氧气；为各种生物、微生物提供适合栖息、附着、繁衍的空间，在水生植物、动物和微生物的吸收、摄食、吸附、分解等功能的共同作用下，使水体污染得以修复，并形成一个良好的自然生态平衡环境。

苏州人工生态浮岛可以有效降低风浪对坡岸的拍击与冲刷强度，对于河流、湖泊的坡岸起到良好的保护作用。

苏州太湖国家湿地公园位于苏州市高新区（虎丘区），总面积2.3平方公里，其中水域面积占71%。尽管这里离城区不远，但却已成为鸟类天堂。

以前这里主要是鱼塘，政府投入3.88亿元实施退渔还湿，并进行生态修复，2011年10月成为全国首批12个正式授牌的国家湿地公园。在划定保育区并予以严格保护的基础上，公园部分地区对外开放，开展生态旅游。

湿地公园宽阔的湖面上有很多小岛，这是当年生态修复时专门为鸟类和两栖动物栖息设计的，禁止游人登岛。小岛上植被茂盛，鸟鸣声不时传来，每个小岛附近都有浅滩，很多苍鹭、白鹭停留在生态浮岛上。苏州市湿地保护管理站站长冯育青说，人工增设的生态浮岛，不仅丰富了鸟类生境，同时还吸收水中氮磷钾和有害物质等，有利于提高水质透明度。截至2019年10月底，苏州太湖国家湿地公园监测到126种野生鸟类，比2018年12月底新增了12种。

苏州太湖湖滨国家湿地公园位于苏州市吴中区，总面积709公顷。这家湿地公园2003年开始进行湿地修复，2009年6月成为国家湿地公园试点，2014年通过验收。沿湖的湖水，透明度最高达2米以上，茂盛的水草清晰可辨。

这里的太湖沿岸原本都是水泥堤岸，在生态修复过程中，在这些水泥堤岸外侧覆盖了泥土进行软化，种植芦苇、茭白等湿地植物，设置了多层生态岛，这样，即使大风天，浪也打不进来，现在这里成了野鸟的家园。这里的湖滨湿地修复是太湖水环境治理最早启动的一批生态修复工程之一，修复效果明显，是太湖治理生态修复示范工程。

闻名遐迩的同里古镇边，也隐藏着一个动植物的天堂——江苏吴江同里国家湿地公园。湿地公园总面积达972.18公顷，北含澄湖、南接白蚬湖、内有季家荡，是典型的江南水乡湿地。茂林修竹由环流于内的水系连接，林中各种鸟鸣声不绝于耳，水里游鱼清晰可见。

同里国家湿地公园在规划建设之初就将保育区保护恢复视为重中之重。目前公园南部草本沼泽湿地保育区已构建出深水区、浅水滩地和陆地等不同地形，对原有水禽栖息地（特别是草本沼泽）进行了进一步的保护和恢复，公园还对保育区鸟类栖息地实施科学的水位管

理，从而露出更多的浅滩供鸟类栖息、觅食和躲避。保育区生长着超过120亩的杉树林，每年6月至8月是鹭鸟繁殖高峰期，为保障它们有一个清静的繁育空间，公园对此区域实行封闭式管理。

以京剧《沙家浜》而名闻天下的常熟沙家浜国家湿地公园，以芦苇湿地为特色，浩浩荡荡的芦苇丛、宽阔的水域、茂密的岛屿绿化及多样的水岸线，形成了沙家浜“水与芦苇”交替融糅的幽美格局，公园内，蓝天碧水、白鹭翱翔。由于生态环境逐步改善，湿地公园内的鸟类种数逐年增加，记录鸟类约131种，其中包括赤腹鹰、红隼等10余种国家二级保护动物。

太湖三山岛国家湿地公园位于东山镇，占地756.63公顷，其中湿地面积516.55公顷，湿地率达68.27%，是苏州市国家生态涵养试验区的重要组成部分，2013年正式成为国家湿地公园，是全国唯一以村级单位建设的国家湿地，也是全国唯一以社区参与共建的国家湿地，2022年三山村原党支部书记吴惠生获得中华环境优秀奖，成为江苏唯一在生态保护领域获得该奖项的个人。

自然理念描绘岛屿“原色谱”。“长圻龙气接三山，泽厥绵延一望间”，概括了三山岛湿地独有的淡水岛屿风光，其湿地修复以“山、水、林、湖”的自然资源为本底，坚持生态保护优先，突出自然修复，修复工程充分发挥生态系统的“自组织”功能恢复岛屿生境，并借助底泥原位处理技术清理淤塞，堆成一个个岛屿，再补植乡土植物，形成了目前的湿地。三山岛国家湿地公园以水为墨、以岛为帛，为自然织造描绘生态底稿。

湿地修复打造绿色“防护带”。湿地具有净化污水的功能，成本低且可持续。三山岛湿地从环岛路到防洪水利工程共分三道，第一道是氮磷拦截工程，通过滩涂植被过滤氮和磷；第二道是过渡区，种植水生植物和投养滤食性鱼类，继续消解氮、磷、有机质，拦截藻类；第三道是绝对保护区，为鸟类栖息提供高质量生态环境。三山岛的水经过“绿色丝绸”的洗涤，源源不断地滋养太湖。

科研助力编织生态“多面绣”。三山岛湿地公园致力于运用科技手段打造多生境岛屿，以增加湖

泊生态系统的生物多样性，为植物、鸟类、鱼类、两栖类等生物的种群恢复提供条件。三山岛与中国林业科学研究院（以下简称中国林科院）等多家科研机构开展合作，围绕湿地，从水环境质量提升、乡土植被保育、生态岛屿及浅滩湿地恢复等多角度进行全方位研究，研究结果应用于湿地长效保护恢复，被中国林科院湿地研究所列为“太湖流域湿地生态系统功能作用机理及调控与恢复技术研究”试验示范基地。此外，三山岛联合苏州市湿地保护管理站建设了太湖湿地生态系统国家定位观测研究站，定期对生态环境等进行监测。科技打造的绿针蓝线贯穿于芦苇荡、滩涂间，编织出一幅幅多姿多彩的自然锦绣。

长期以来，工业尾水不达标是造成湿地污染的“环境杀手”。人工湿地是一种典型的、基于自然的解决方案，它有别于天然湿地或景观湿地，后者无法应对污水的持续排入。10多年间，相关企业在苏州建成了近30个人工湿地，以应对农村生活污水、污水厂尾水、黑臭水体、农村面源等，发挥了多功能效益。譬如太湖生态岛消夏湾湿地，既治理了面源污染，又给百姓增添了雨水花园，提升了当地农业产品质量。如今，消夏湾湿地成了百姓和游客的网红打卡地。又如昆山周市珠泾中心河，不仅使久治不愈的黑臭水体稳定提升至优于地表III类水，还提高了生物多样性，使其成了一条生态的、生命的河流。在自然资源有限、污染防治形势依然严峻的苏州，有必要结合城乡规划，大力推广人工湿地技术。这不失为一项既能保护环境、又能增加生物多样性、增加碳汇的有效举措，为苏州打造世界著名湿地城市增添生态内涵。

人工湿地每天需要持续净化污水，它不是简单地挖个塘、种点草，而是一项需要模型化计算、精细化设计、因地化施工、智慧化管理的生态工程。

人工湿地技术在欧美国家已相当成熟，具有完备的标准规范体系、多样化的湿地技术类型，譬如垂直潜流湿地、曝气湿地、污泥湿地等。这些技术已经在苏州本土化创新和应用。比如位于长江边望虞河畔的常熟新材料产业园污水厂尾水提标湿地，采用德国垂直潜流湿地技术，每天处理4000吨尾水，已稳定运行8年，突破了此类湿地国内普遍存在的2至3年就堵塞、处理效率降低等致命问题。常熟新材料产业园生态湿地处理中心是一套处理工业尾水的生态湿地处理系统，该系统包括生态工程滤床、配水系统、自动监测系统等模块。一期工程设计规模为0.4万立方米/天，目标是将相当于地表水劣Ⅴ类水的产业园内污水处理厂尾水净化到地表水Ⅳ类水标准，然后提供给产业园内工业水厂作为补充水源，从而实现水资源的回用。将实现真正的零排放与可持续的水资源管理。此外，还将充分利用太阳能等新能源技术，为湿地中心提供电力。并利用景观造园，构建人与自然和谐相处的生态花园。

常熟新材料产业园生态湿地处理中心采用德国先进的人工湿地技术，通过物理、化学、生物协同作用净化低浓度废水。经过专业的第三方设计、建设，建成了占地面积5.9万平方米的生态湿地，出水达到地表Ⅳ类水，自2015年1月运营后稳定运行，已成为当地的生态建设亮点。该中心受到了第十届国际湿地大会与会专家的肯定，2021年作为亚洲唯一生态工程案例登上世界著名学术出版机构Springer出品的期刊。

乡村湿地在湖泊湿地的修复中也起到了重要作用。

位于常熟董浜镇观智村的泥仓溇湿地，通过湿地构建、农村污水集中处理、农田尾水生态净化等多方面建设，实现了区域内生活、生产、生态、生物的和谐共荣。

走进泥仓溇湿地公园，在遍地绿茵间，一排茅草木质长廊映入眼帘，游客可以闲坐廊中观赏园内风景，也可以到码头边乘坐人工竹筏沿河流环游泥仓溇，感受江南水村古朴素净、清丽婉约的水乡风韵，以及村民依水而居幸福美满的生活画面。

在泥仓溇湿地公园南面，有一片独特的猪栏湿地，这是为解决泥仓溇养猪场的废水人工建造的三级湿地。保留这个养猪场实际是想通过粪便经过三级净化处理以后，再排到农田里做有机肥料，这样可以改良土壤，提升农产品的品质。这片畜禽养殖净化湿地以天然湿地资源为基础，经过人工辅助优化后，分为初级净化

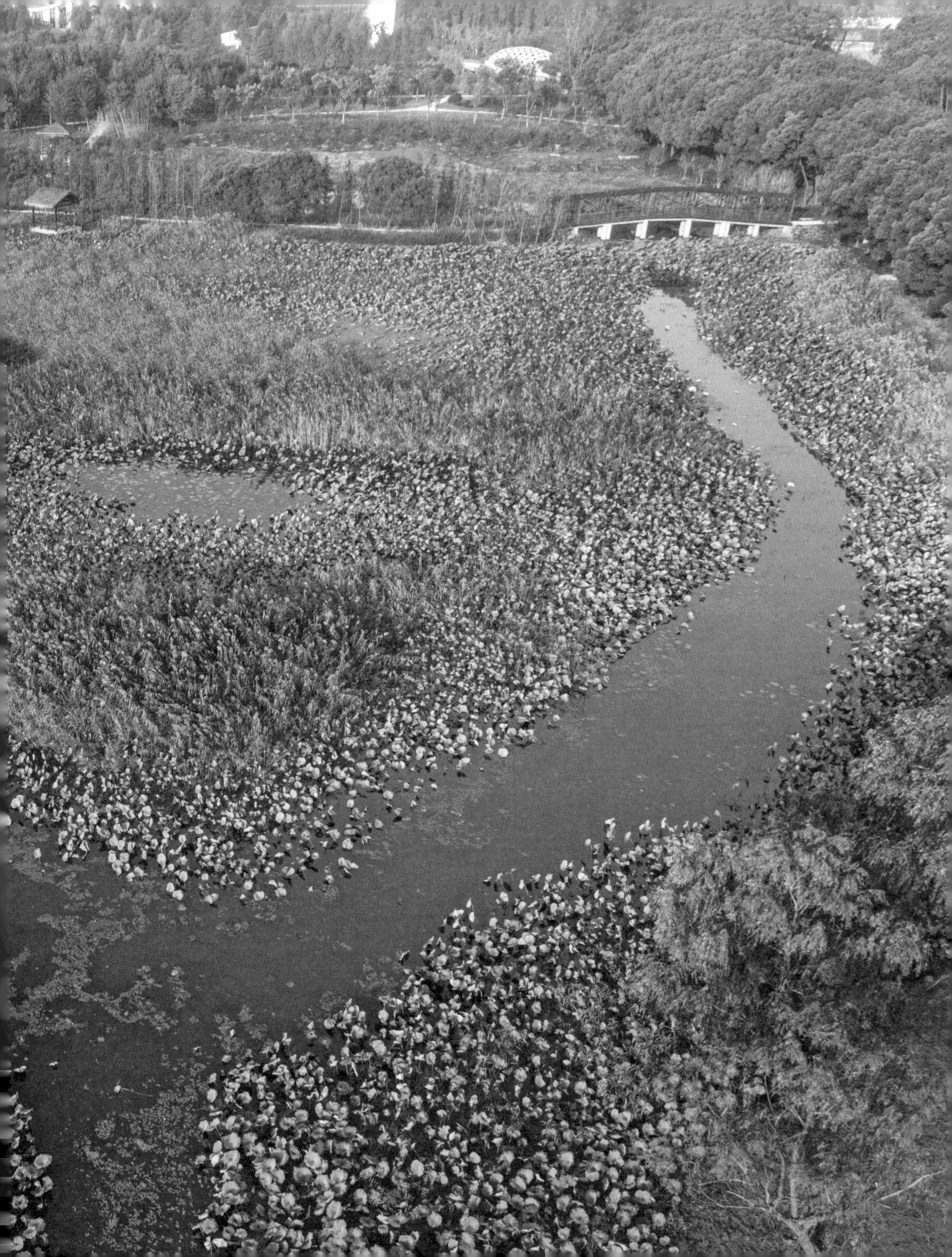

区、次级净化区和强化净化区，能有效净化养猪场废水，解决畜禽污染难题。

在湿地公园里，还建有集中式、分散式农村生活污水湿地净化示范工程和农田尾水湿地净化示范工程，通过人造湿地，种植水生植物，进行污染物降解，从而实现废水净化。稻田区稻鱼共生、蛙稻共生的有机农业种植，既实现了生态循环，又实现了稻、鱼双丰收。

常熟把水乡稻田作为建设乡村湿地的核心来对待，规划了很多小而美的乡村湿地。在虞山镇谢桥管理区，就静卧着这样一块乡村湿地，它有一个好听的名字叫沉海圩。这片湿地只有1800多亩，主要覆盖福圩村和方浜村两个村，其中稻田占了800多亩。村里不少鱼塘都退了田，种上了莲藕、芡实、芋艿等水生蔬菜，既可以净化水质，又能兼顾经济效益和生态功能。

随着乡村湿地的建设和保护，更多的农户不用出门就可以感受到湿地给他们带来的变化。值得一提的是，常熟在进行乡村湿地建设中，对于湿地的认识并没有停留在为村民家门口增添一片绿色、还一片清澈的水面的层面，而是更注重人与湿地和谐相处，将湿地保护工作与改善农村环境、农业产业提升相结合，更充分考虑景观、旅游要素，为美丽乡村建设、乡村旅游发展留下空间，打下基础。湿地和乡村共建共美，经济与生态效益兼顾，苏州（常熟）正在勾勒一幅现代水乡风情图。

2023年，江苏省海绵城市优秀工程案例评选，苏州共32个项目成功入围，入围数量和比例均居省内地市第一。

海绵城市是指城市像海绵一样，在适应环境变化和应对自然灾害等方面具有良好的弹性，下雨时吸水、蓄水、渗水、净水，需要时将蓄存的水“释放”并加以利用。初步净化之后，多的水排到管网里面，可以用于场地的绿化，或者道路的清洗，可以重复利用。

入选的姑苏区海绵城市试点范围由金阊新城、虎丘周边地区、虎丘湿地公园和平江新城组成，规划总用地面积26.45平方公里，截至2022年年底辖区内总计完成83项海绵城市建设项目。

其中，平江新城海绵城市项

仁里坊

目位于江苏省第一批海绵城市建设试点区，包括新天地家园北区、水岸家园、和润家园3个老小区和平江新城实验小学、善耕实验小学2所已建学校的海绵化改造。在学校海绵城市改造方面，因地制宜采用雨水花园、高位花坛、透水铺装、景观水池等海绵措施，合理配置绿地、植物乔灌草，增强大小海绵雨水截流、滞留能力，优化校园与周边雨水系统的衔接，建设一座参与体验式、会呼吸的"海绵校园"。

在老旧小区生态宜居建设方面，梳理灰色排水体系，因地制宜采用透水铺装、下凹式绿地、生态停车场、雨水花园等海绵措施，提升居民生活幸福度，打造一个以生态健康雨水循环系统为核心的大众化参与实施的海绵景观示范小区。

姑苏区金阊体育公园项目作为市区首个大型体育主题公园，通过设计片状内湖湿塘、透水铺装场地，线性的海绵雨水花园、植草沟，点状的下凹绿地，形成点、线、面的海绵设施多维互补体系，打造一个集市民公园、运动主题公园、海绵技术及科普于一体的功能复合的城市公园。

自2016年苏州市成为江苏省首批海绵城市建设试点城市以来，贯彻先行先试、全域推进的海绵城市建设理念，在体制机制、技术创新、示范引领、系统建设及产业发展等方面都进行了积极的探索和实践。截至2021年底，苏州全市域累计完成海绵城市建设项目1332个，已建成并达到海绵城市要求的面积207.74平方公里，占建成区面积的27.05%，其中苏州市区已建成并达到海绵城市要求的面积127.38平方公里，占建成区面积的26.46%，年度新建项目海绵城市建设达标率为97.29%。

苏州坚持系统谋划、规划引领、统筹推进，建立了宏观、中观、微观三级海绵城市规划体系。在系统化全域推进海绵城市建设中，始终秉持"精细化、精准化、精致化、精品化"的原则，结合自身特点和城市发展需求，发布了《苏州市海绵城市建设施工图设计与审查要点》《苏州市海绵设施施工和验收指南》等涵盖规划设计、施工验收、管理养护等全流程技术导则共10册"苏州标准"，构建了从规划到运行管护的海绵城市建设全过程管控体系，苏州经验得到住建部充分认可。

在城市基础设施更新建设中，苏州通过在老旧小区改造、城市基础设施提升、污水处理提质增效、地下管网升级等建设项目中融入海绵城市理念，精准把控城市突出问题和短板，使海绵城市建设融合实施城市更新。

02 河流湿地

万里长江从西向东一路奔流，横贯江苏，岸线长达430公里，是江苏省的重要湿地。江苏省委、省政府明确，江苏省生态修复、植树造林的重中之重是在长江两岸建设“千里绿廊”，助力长江生态环境修复和沿江绿色生态廊道建设。湿地保护、生态修复旋即在沿江八市展开。

在长江常熟段，有片伸入江中的滩涂，人称铁黄沙。这里以前很荒凉，整片滩涂只有一些稀疏的芦苇。铁黄沙是常熟市与张家港市共有的江滩地，面积超过2万亩，到处都是芦苇荡，除了在宜林地带植树造林外，宽阔的江滩上，芦苇和灌木茂密，一望无际。据介绍，2017年常熟编制了《常熟市沿江生态经济圈概

贰 ● 苏州实践 修复创新

念规划》，决定对铁黄沙岛不进行开发利用，而是加以严格保护。2018年，常熟对铁黄沙区域开展生物多样性调查，发现铁黄沙共有鸟类179种，占苏州市鸟类总量的52.34%，有国家保护动物达17种。常熟市湿地保护管理站站长戴惠忠介绍说，常熟市政府把对铁黄沙进行生态管控和生态涵养恢复放在重要位置，对区域自然生长的芦苇、柳树和野生草地进行天然涵养。同时，对望虞河水道和江滩进行生态修复，修复湿地面积近2000亩。如今，铁黄沙已成为长江生态绿色岛、长江下游鸟类重要栖息地。

通洲沙江心岛位于张家港市乐余镇北面的长江主航道，北临南通市区，南接张家港。据了解，通洲沙江心岛原本只是一座很小的岛屿，近年来，随着长江泥沙淤积，小岛逐年增高扩大，目前形成了由若干岛屿组成的岛群。岛内为原生态自然景观，未进行任何开发利用，是长江下游难得的原生态处女岛。

太仓市七圩区外的长江，已近长江入海口，江对面是崇明岛；江面宽阔，一望无际。大堤内侧，一条宽达100米的湿地和林带与大堤相伴而行。太仓市除了在宜林地带植树造林外，修复湿地生态系统是重要目标。太仓市七丫口江滩地原来是洼地，经彻底整治后：低洼处保留湿地原状，靠近江堤的部分，堆土种树，与芦苇、湿地构成一个天然的郊野公园。其中浏河镇的江滩湿地公园，森林、草甸和湿地和谐共生，已经成为太仓的旅游景点，很多上海市民利用周末时间驾车前来休闲。

为了通洲沙湿地修复，张家港市发布了《通洲沙江心岛生态湿地总体规划国际方案征集公告》，170万奖金向全球征集优秀、专业人士的意见和方案，期望能更好地保护和合理利用这一湿地资源。

通洲沙江心岛生态湿地总体规划面积约7.26平方公里。依托优良的江中岛屿优势和生态条件，围绕江中湿地资源，以维护湿地系统生态平衡、保护湿地功能、保持湿地生物多样性、实现湿地资源的可持续利用为基点，以长江湿地文化为内涵，打造长江下游最富特色的原生态湿地岛，融湿地恢复保育、湿地休闲体验、湿地利用示范等功能于一体，为通洲沙生态湿地的建设、保护提供有效的指导方案。

苏州还推动建设河道连通工程。在2023年5月发布的《苏州市吴江区水系连通及农村水系综合整治试点县湿地带外围防护围隔招标公告》中可以看到，项目招标内容为江苏省苏州市吴江区水系连通及农村水系综合整治试点县湿地带外围防护围隔。

所谓河道连通，即通过开挖和疏浚，将河、湖、沟、渠等自然水系彼此相连、相互贯通，此举可以进一步完善水资源配置格局，合理有序开发利用水资源，全面提高水资源调控水平，实现湿地功能的恢复。

黑臭水体是老百姓最关注的水环境问题。治理黑臭水体、改善水环境质量是满足人民对美好生态环境向往的需要，是最普惠的民生福祉。从近年黑臭水体治理情况看，很多黑臭水体整治存在周期性反复的问题。城镇基础设施欠账太多，雨污管网不完善、错接漏接严重，大量污水直接入河成为黑臭水体治理的难点和痛点。昆山高新区在城南圩7条河道水环境治理中不是在河道里做文章，而是以圩区为单元，系统开展岸上污染源整治和生态系统的自然恢复，成效十分显著，为黑臭水体治理提供了一个崭新样板。

昆山在河道治理中大多用生态修复方法。底泥修复采用原位生物修复技术，根据实际情况配置特殊亲合性的微生物对河道全线底泥进行修复。水生植物营造良好的生态系统，经过植物的吸收吸附作用，降解、吸取在植物体内，通过收获植物体清除水系中营养元素、有机污染物、重金属。植物的存在为微生物和水生动物提供栖息场所。有些植物的根系能分泌出克藻物质，达到抑制藻类生长的作用。

人工增氧是在治理污染河道中应用较多的措施之一。昆山的很多河道治理项目采取的便是人工曝气方式。人工增氧能有效提高水体中溶氧含量，加快水体中溶解氧与臭污物质之间发生氧化还原反应速度，提高水体中好氧微生物的活性，提升有机污染物的降解速度，对消除水体臭污具有良好的效果。

设置岸坡绿化生态缓冲带，沿河道岸坡绿化主要种植香樟、柳树、红叶李、耐阴植物（麦冬）等，生态缓冲带在河道与陆地交界区域种植乔、灌、草相结合的立体植物带，在农田与河道之间起到一定的缓冲作用。

苏州昆山黑臭河道治理的成功经验，首先是注重源头治理，提升污水收集处理能力。不断深化污水处理提增效“333”行动，推进5个达标区建设，实施石牌污水厂扩建工程、石牌污水厂扩建配套管网、千灯石浦互联互通污水管网等，不断完善昆山市生活污水收集处理能力，控减污染入河。

其次是注重高压严管，加快问题河道整改销号。开展昆山市河湖“消劣争优”百日专项行动，组织开展全域水体水质再排查工作，特别是对于已完成整治的黑臭水体、劣Ⅴ类水体开展“回头看”。目前，昆山市列入上级整治清单的劣Ⅴ类河道已满足销号条件的达85.8%。

第三是注重亮点塑造，持续推进幸福河湖建设。深入落实总河长令要求，在提升水质的基础上进一步开展幸福河湖建设，统筹水岸绿草、修复河湖生态，丰富景观文化，提升管护水平，2023年计划建设100条幸福河湖，目前已有29条完工，53条正在施工中。

第四是注重常态长效，强化河湖日常监管力度。不断加强河湖综合巡查监管，重点针对水体发黑发臭、晴天排水等问题开展巡查，2023年以来累计巡查河湖9207段。强化水质动态监测，每月对昆山市劣Ⅴ类水体，骨干河道、重要湖泊以及污水厂进出水、泵站、管网水质等进行监测，掌握水环境动态。

2023年，昆山市人民政府发布《昆山高新区建设区范围内无黑臭水体公示》，称根据苏高治办《关于进一步做好苏州市黑臭水体排查治理有关工作的通知》及昆山市河长办《关于进一步做好城市建成区黑臭水体长治久清的通知》要求，高新区对辖区内36条建成区河道进行水质监测，根据监测该36条建成区河道不存在黑臭水体。现对36条河道检测结果进行公示，接受社会公众的意见和建议。

这一公示充分说明苏州昆山在黑臭河道治理工作上取得了决定性成果。

03 天福案例

2021年，由苏州市湿地保护管理站采用基于自然的解决方案指导实施的湿地修复项目，从全球258个申报案例中脱颖而出，入选全球“生物多样性100+案例”。此次入选的湿地项目类型全国仅4例。

此次入选全球“生物多样性100+案例”的湿地修复项目位于苏州昆山天福国家湿地公园。这片800公顷的土地以农田为主，其中700亩土地曾被外包作为马场，填入了许多沙石，因此土壤沙化严重。

2016年，湿地修复团队原本计划将这里修复成为农耕湿地公园，但是修复过程中偶然发现的五只短耳鸮让团队改变了计划。

“短耳鸮属于国家二级保护动物，这么大集群地发现这种鸟类在苏州属于首次。”苏州市湿地保护管理站站长冯育青介绍。

经过研究发现，天福国家湿地公园处于候鸟迁徙带附近，各种鸟儿经常会路过，只是因为缺少合适的环境，故而难以长时间停留。而湿地野生鸟类多样性的观测数据又是国际公认的评估湿地生态状况的重要指标之一。

于是相关部门和修复团队改变方案，重新规划了这片区域，打造了一个以鸻鹬类为主的鸟类栖息地。对于苏州市湿地保护管理站来说，修复湿地应该以鸟类为服务对象，湿地好不好，鸟儿们说了算。

从耕地变为湿地有哪些实质效果？苏州市湿地保护管理站总结，湿地成功修复找到了“三把钥匙”，最重要的就是提升生物多样性的“钥匙”。

湿地野生鸟类多样性的观测数据是国际公认的评估湿地生态状况的重要指标之一。项目通过设计大小、深浅不一的水塘，搭配水位调节设施，满足不同季节不同鸟类对栖息地的需求，提高了生物多样性。同时，多塘复合系统极大地提升了稻田区域的生物多样性，不同水鸟的习性与偏好差异较大。鸻鹬类水鸟喜欢浅滩，雁鸭类水鸟喜欢水塘，20到30厘米深的水塘又更适合鹭鸟类长腿水鸟。为了充分照顾各种鸟类的生活习性，天福国家湿地公园使用多塘复合系统，通过设计大小、深浅不一的水塘，搭配水位调节设施，满足不同季节不同鸟类对栖息地的需求，提高了生物多样性。2016年该区域仅观察到76种鸟类，2021年已经累计发现超过150种鸟类，是2016年发现鸟类数量的两倍。

湿地成功修复还找到了缓解保护地和农田用地冲突的“钥匙”与缓解农业面源污染和环境保护的“钥匙”。为了缓解保护地和农田用地冲突问题，天福国家湿地公园在冬季往试验区中集中灌水，春夏秋季还是各类候鸟栖息地的试验区，冬季就变成可以农耕的水稻田。水稻田本身也是人工湿地，在冬天可以实现人与候鸟共享稻田模式，缓解了保护地面积不足的问题，同时提升了农田的生物多样性。此外，鸟类在冬季水田的停留，可以抑制杂草及越冬昆虫生长，而鸟类的排泄物可以增加土壤肥力，减少了农药化肥的施用，进而提升了稻米的质量和安全。多塘复合系统让整片试验区形成一个生态圈，让农业发展与湿地保护更加和谐。

此外，多塘复合系统收纳了农业尾水的排放，实现了尾水闭环处理，为农田提供了高效的营养物质。

该项目获评全球“生物多样性100+案例”还有一个重要原因是其在提升湿地生物多样性、平衡保护地和农田用地冲突的同时，还解决了农业面源污染的问题。

农村面源污染是指农村生活和农业生产活动中，溶解的或固体的污染物，如农田中的土粒、氮素、磷素、农药重金属、农村禽畜粪便等物质，通过农田地表径流、农田排水和地下渗漏，使大量污染物进入水体所引起的污染。通过投入使用多塘复合系统，农业尾水的排放得到了循环收纳，实现了尾水闭环处理，防止污染物流出，同时也为农田提供了高效的营养物质。部分区域在休耕期水质基本保持在Ⅲ类，显著地提升了周边环境质量。随着该案例的不断推广，数百万亩农田有望发挥更大的生物多样性保护的作用。

这片湿地试验区在苏州具有独家性和科研性，拿出了全国湿地保护的苏州经验。

对于养殖与农业废水的处理，也是苏州湿地修复的重要抓手。

走进吴中区临湖镇现代渔业产业园，池塘内荷叶连连，水草茂盛，池水清澈见底。这些清净的池水，实际是经过“四池三坝”净化后的尾水。养殖尾水经过沉淀池、微生物净化池、人工潜流湿地净化池、生态池等一道道“关卡”净化后，最终实现循环利用、零排放。

2022年8月1日正值江苏省《池塘养殖尾水排放标准》实施一周年。一年来，苏州市聚焦生态渔业建设，通过“四个一”工作举措，持续推进养殖尾水达标排放。

“四个一”工作包括：发布一个“实施意见”。苏州市2022年发布《关于加快推进渔业高质量发展的实施意见》，其中要求全面推进池塘标准化改造，促进养殖尾水达标排放。苏州市池塘养殖面积30.66万亩，完成高标准池塘改造面积29.58万亩，高标准池塘覆盖率96.46%。

编制一套“技术措施”。围绕尾水达标排放，深入实施水产绿色健康养殖技术推广“五大行动”，编制10项水产品种“生态养殖技术规范”，集成13项生态养殖模式。

4项典型尾水净化模式，大力发展低排放、高品质虾蟹特色产业，推进水产养殖向环境友好、减量增收、提质增效方向发展。

印发一套“管护办法”。在苏州市印发《标准化养殖池塘长效管理办法》的基础上，各地因地制宜陆续发布指导意见，建立区、镇（街道）、村（社区）三级管控网络，落实专人维护管理，确保尾水处理设施正常运行。广泛宣传，营造促进池塘养殖尾水达标排放的良好社会舆论氛围。

制定一套“监测方案”。苏州市设置水质监测点95个，开展养殖尾水日常监测；同时2022年将苏州市35个涉渔重点农业园区纳入年度尾水排放监测范围，做到养殖尾水净化后排放报备和应检尽检；在园区配套建设养殖尾水自动在线监测系统，实时监测，确保养殖尾水达标排放或循环利用。

叁

苏州智慧宣教创新

— 湿地不仅是重要的生态系统，也是无价的自然遗产，是科普宣教的好课堂、好教材。

— 围绕苏州湿地生态文化品牌、科普宣教基础设施、湿地科普公众传播等方面，通过塑造苏州湿地生态文化品牌，提升湿地科普宣教体系建设和丰富科普宣教活动，苏州市在湿地科普宣教领域智慧创新，打造了一批样板案例，取得了良好效果，为各地推进湿地科普宣教提供了宝贵的探索经验。

苏州奉献了“阵地+队伍+课程”的湿地宣教苏州模式；

苏州初步实现了湿地自然学校体系化，制定湿地自然学校地方标准；

苏州形成了专业化、多样化的湿地宣教教材与课程，梳理了200余例《“湿地+学科”融合目录》课例、编写《我与湿地》校本学材、编写全国首个城市观鸟手册——《苏州野外观鸟手册》；

苏州召开了第十届国际湿地大会；

苏州在江苏省内，率先并持续发布了湿地年报……

01 自然教育

随着生态文明意识的加强，越来越多的人意识到湿地保护离不开生物栖息地的改善。但当下城市的无序扩张，压缩了动物的生存空间。人类活动的噪声，又深刻地影响着鸟类的鸣叫、求偶和觅食等行为。于是，不少地方纷纷建起了湿地保护地，隔绝人类的干扰。这种传统的堡垒式保护（fortress conservation）模式常常需要将原住民迁出，竖起铁丝网，以期望自然自我调节，恢复生物多样性。大众只能在书本或者电视里了解保护区生态，接受自然教育。

事实上，人为活动与湿地保育不是绝对的排他关系。世界上许多湿地很早就有人生活、生产的痕迹。在湿地合适的区域里开展自然教育，将科学知识与在地经验结合在一起，传播给大众，更有益于可持续的保护湿地。

作为最早一批地方湿地保护立法的城市，苏州率先建立湿地公园评价体系。而在湿地科普宣教领域，苏州也做了大量工作，其中最为人乐道的，就是以湿地公园为基地的11所自然学校，以及创新的“阵地+队伍+课程”模式。

在《苏州市湿地保护条例》出台后，苏州市湿地保护管理站很快意识到，法律只是底线，湿地保护不能只靠法律，还需要整体社会意识的教育和提高。而湿地公园里丰富的水、土和动植物，就是最好的课本。

2012年，全国第一所“湿地自然学校”在苏州太湖国家湿地公园成立，这是苏州第一处面向大众进行湿地科普教育的场所。如今，全市的湿地自然学校共计培养98名生态讲解员、设置了100个鸟类和20个水质观察点。近三年，开展自然教育活动1109次和347次的主题宣传、研学等活动，受益群众16.3万余人次。

苏州对湿地公园的定位，就是“保护”和“讲保护的故事”。首先通过对湿地资源的保护与修复，在保护、科研上取得成果，然后把这些成果作为故事讲给社会听，鼓励社会参与、人人体验，让群众获得自然教育。这是湿地公园的一个基本职能。

自然保护并非一蹴而就，苏州湿地自然学校的发展也一样。在刚成立的那几年，湿地自然学校的志愿老师们都是本地的观鸟或园艺爱好者。大家本身也没有经过专业的培训，就只能从带孩子认识自然，观鸟、画植物这些最基本的内容开始。

由于人员缺乏，湿地保护管理站的同事们经常要自己上阵。从网上查找自然教育课程，听课、内部消化，再给湿地公园的一线解说员做培训。他们会给湿地公园派发标准化的教具，比如小小实验室里的烘干箱和马弗炉。也会帮湿地公园做一些简单的课程设计。

随着自然教育活动场次的增加，湿地保护管理站的工作人员开始觉得力不从心。他们开始反思自身的定位问题。湿地保护管理站是对湿地进行行业管理的林业局下属政府机构，而不是自然教育培训老师的身份。应该让专业的人做专业的事。

2015年，苏州市湿地保护管理站站长冯育青的台湾之行，为湿地保护管理站与民间力量合作打开了一扇新的大门。

2015年，冯育青参加了由台湾环境友善种子环境教育团队定制的“大小背包游台湾亲子活动”。这次活动不仅让他实地学习了关渡自然公园精细的湿地栖息地修复，更让他意识到自然教育，不仅是认识自然，还是孩子与家长、与别的孩子、与自然间关系的一种学习。

冯育青回忆那段经历时说道："我记得有一个家长在自然游戏问答环节特别想让孩子赢，一度帮孩子回答问题。自然教育导师会及时提醒家长不要过分干预。活动结束后，导师还鼓励孩子们互相写赞美卡片，送给今天在活动中交到的新朋友。"

这些小细节让冯育青认识到，一直以来，家长带孩子接触自然时，往往是全能者的角色，而不是平等的陪伴者。而以湿地作为媒介，以自然教育作为方法，也许能弥补这种亲子关系的缺失，培养孩子团队意识和社会边界感。

台湾之行结束后，苏州市湿地保护管理站邀请外部的专业机构来苏州为湿地自然学校设计了框架。

做好面向公众的自然教育，首先要培养出一批专业的一线人员。而一线人员素质的提高，离不开与外界的相互学习。

从2016年开始，各类专业的环境保护和自然教育机构开始对苏州湿地公园实行一对一指导，先后开展了解说系统规划、环境教育书籍编写和课程创设等合作项目。

2017年，苏州常熟沙家浜国家湿地公园委托台湾环境友善种子团队开展湿地自然学校人员培训计划，根据湿地公园生态基底，打磨优质课程。位于芦苇荡的沙家浜本来就拥有丰富的旅游资源和红色文化底蕴，"芦荡火种，军民鱼水情深"的抗战精神家喻户晓。老师们的到来，为沙家浜找到了平衡旅游发展与湿地生态保护的新路径。

在湿地公园里，只要划定合理的边界，旅游与保护也能相互促进。而自然教育就是两者的"协调剂"。

沙家浜的游客通常会集中在湿地公园外围的革命教育博物馆等旅游景点，而鹭鸟往往栖息在限制游客进入的保护区。这两个区域中间的缓冲带，就是开展自然教育的最佳位置。

自然教育想要达到理想效果，最好是"受众亲至"，而想要吸引人到来，就需要好的生态环境和故事。老师们与沙家浜国家湿地公园讲解员一起，历时8个月，重新梳理了人与生态的故事线，突出了曲折多变

苏州市湿地保护管理站供图

苏州市湿地保护管理站供图

的芦苇荡是如何成为当年新四军伤病员的天然庇护所，形成了“红色是魂，绿色是根”的四套环境教育课程。

政府与民间机构的合作也需要经历磨合阶段。首先就是认知上的适应。以前一些湿地公园做自然教育往往以可量化的成果为导向，关注点在做了几块解说牌，上了几堂课。对软性知识的付费意愿不足，导致很难在市场上找到合作对象。

在苏州同里国家湿地公园与台湾永续游憩工作室郭育任老师合作的解说系统规划项目中，为了让每个湿地公园都有自己的故事，需要大量的人文历史调研和生态本底调查。冯育青形容：“过去设计一块解说牌，我们付的往往是‘画一只鸟’的钱，但原来要意识到‘为什么要画这一只鸟’也需要投入时间和成本。”

第二个挑战是本地讲解员的学习积极性难以管理。自然教育是一门新兴的实践行业，目前的一线讲解员大多来自各行各业，因此需要接受很多专业的培训。然而，自然教育培训不同于企业培训，很难立竿见影地看到效果和在短期内变现，这就需要自然教育学员有“延迟满足”和“自我驱动”的能力。自然教育是一场对人的改变，也是一场对现有社会制度的新想象，它存在于日积月累的积蓄中。

经过10年的迭代，苏州市湿地保护管理站作为湿地公园行业主管部门，建立了“行业引导+企业运作+志愿者助力”的湿地自然学校发展体系。不仅与世界自然基金会、台湾关渡自然公园、台湾环境友善种子等团队建立合作伙伴关系，更积极推进苏州湿地公园自然学校的内生性转化。

张家港市世茂小学是苏州湿地自然学校的一个样本。

张家港市世茂小学创建于2019年8月，是张家港市教育局直属学校。学校南毗暨阳湖省级湿地公园，依托湿地公园得天独厚的地理环境，世茂小学将课堂搬到湿地自然环境，通过“学校+基地”的完美融合，让孩子们“亲自然、乐学习、爱生活、慧创造”。

学校为湿地公园“量身定做”了一系列课程，在各学科教学中渗透湿地文化元素，让学生在课堂中滋生对美好环境的向往。目前，学校已编写了《学科研究指南》、编制了《科学校本学材》、梳理了《“湿地+学科”融合目录》共计200个课例。

学校在多个学科尝试开展实景类研究活动，如数学学科把教材上测量“校园绿地面积”迁移为测量“湿地面积”；语文、美术、科学联合开展项目化学习活动，以一棵柿子树的四季成长为范例，唤起学生对自然的探索和对生命的守望；英语学科精选年段知识点，开展低中高共研习的研学活动，用心了解和记录湿地动植物；还开展了与“长征精神”结合的湿地体育课，以“发现自然之美”为主题的湿地音乐课等。

学校还编写《我与湿地》校本学材，将其作为湿地教育的载体之一，图文并茂地介绍湿地的特征和保护方法，鼓励学生从身边做起，爱护环境。

学校1至6年级每周至少在湿地公园开展自然教育1次，确保每学期各学科均有在湿地上课。科学课、综合实践课均融入湿地自然教育，德育分春、夏、秋、冬开展多项湿地主题活动。目前，学校已开展1至6年级的湿地课程70多期，受到了学生、家长等一致好评。

湿地自然学校是以自然湿地生态为师，由专业热情的生态讲解员带领，面向大众进行科普教育的场所。2019年，常熟沙家浜、昆山天福和太湖湖滨国家湿地公园被中国林学会授予全国“自然教育学校（基地）”称号。2021年，苏州市常熟沙家浜、吴江同里、昆山天福和太湖湖滨4家国家湿地公园荣获“全国林草科普基地”称号，数量全国地级市领先。

最初湿地自然学校也是民间自发出现。对湿地保护管理机构来说，更重要的是如何通过营运过程获得社会化力量的支撑，实现可持续运转。

通过苏州市林学会环境教育顾问制度，湿地保护管理站从社会招募专家，持续为湿地自然学校进行咨询指导，提供技术支撑。明确了组织架构：一个专门负责自然教育的部门；一支不少于5人的生态讲解员团队；一套针对人员、地点四季的课程。苏州昆山天福国家湿地公园更是成立了实训基地，为全国近400家湿地公园提供专业人才培训。

未来的自然教育，需要平衡“标准化”与“个性化”的问题。在地课程的制定需要个性化，而人才的培养却需要标准化。苏州市湿地保护管理站通过举办全市湿地技术人才培训班，与苏州人力资源和社会保障局协商开通自然教育人才职称申报路径，同时颁发湿地生态讲解员证书，在全市建立星级讲解员考评制度，每年对讲解员进行综合评价，让湿地人才有更多的表现和发展空间。湿地保护管理站还推动相关部门将生态讲解员，宣教课程方案，自然教育活动开展情况纳入全市湿地公园考核评价体系。

通过指标量化赋分后的排名情况以《苏州市湿地保护年报》的形式向社会公布。培养自然教育人才，需要提供清晰的学习内容和职业路径，帮助学员找到动力。

积极发挥行业监督的优势，苏州市湿地保护管理站为湿地自然教育搭建对外合作的平台和网络。让公众走进湿地、体验湿地、对湿地多一份认识和理解，从而对大自然产生敬畏和尊重，进而学会保护和爱护自然环境，这正是自然教育的意义，也是苏州湿地自然学校的宗旨所在。

正如生物学家爱德华·威尔逊的“亲生物性”概念所说，人类天生就有与其他生命形式接触的欲望。人们对开阔的草地景观、森林、湿地和牧场都有着强烈渴望和积极的心理反应。自然教育可以培养人们的亲生物性，增强人们的环境意识，增进对生物多样性保护理念和社会交往的准则的理解。

在共建“人类命运共同体”的新时代，大自然不该只存在于保护区里，人类也不该只在保护区外远观。人们应该更主动地适应自然，积极地参与到保护行动中。自然教育也会从一种行业，慢慢变成一种看世界的日常方式。

苏州市湿地保护管理站供图

02 公众参与

湿地自然学校并不是一般意义上的学校，是以自然湿地生态为师，以志愿者为载体的、面向大众进行科普教育的场所。通过科普与教育，越来越多的志愿者加入，普及观鸟知识，吸引和呼吁更多人关注支持生物多样性的保护，于人类和自然而言，都是一件极有意义的事情。因而，如何提升公众参与度，让更多普通人投身到湿地保护、监测工作中，便成了一个重要课题。

通过不断努力，苏州在公众参与上交出了一份漂亮答卷。

伴随着苏州公众湿地保护的意识和参与度不断提高，湿地自然学校在苏州全市设置了30多个观察点，每个观察点都要拿出年度鸟类统计报告，以便主管部门进行决策。

在鸟类统计工作上，沙家浜国家湿地公园具有代表性。这个国家湿地公园占地414.03公顷，以河流湿地、湖泊湿地、沼泽湿地、人工湿地四大类湿地为主，有诸多动植物在此生息繁衍。公园每月邀请苏州湿地自然学校的鸟类调查员协助进行鸟类调查，分析现存鸟类的种类、数量、栖息状态等情形，为湿地长效保护提供参考数据。

鸟类的生存状况是生态环境的

重要指标之一。公园自2014年起开展鸟类调查工作，逐渐加大监测力度，目前的调查频率已稳定为每月一次。每次调查分为晨、昏两个阶段，采用“样带法”，调查范围涉及湿地保育区、湿地恢复区、合理利用区、科普宣教区和管理服务区五大区域。

与公园合作的调查团队——苏州湿地自然学校是国内首家湿地自然学校，于2012年由世界自然基金会、苏州市湿地保护管理站、苏州市林学会联合建立，目前有专职人员16名、志愿者若干名。学校主要从事鸟类调查和自然教育工作。学校的每一个成员都有自己的外号，对应成员最喜欢的一种鸟类。行内颇有知名度的“小黑嘴”周敏军入行已经7年，因为爱好观鸟而接触到鸟类调查领域，决定辞去原来工作，全职投身于这一行业，如今他担任苏州市林学会副秘书长。他几乎每天都挎着长焦镜头和望远镜，穿梭于林间小径。在他看来，鸟类调查涉及多样地形，湖泊里的风浪，深山里的山蚂蟥，树林间的蝮蛇、蜱虫，都可能对观测者构成威胁，但这些都抵不过调查时获得新发现的欣喜。

通过了解鸟类活动的相关数据，可以分析其与栖息地环境改变之间的关系，为栖息地环境规划带来一定的启发。比如近年来，沙家浜湿地公园内水雉的出现频率有所降低，就与部分水塘旱化以及芡实等水生植物的减少有关。

湿地生态的保护，既要“知鸟”，也要“育人”。2017年以来，公园和国际顶尖的环境教育团队合作，设立了以鸟类观察和鸟类知识科普为核心的“湿地飞羽精灵”主题课程。课程通过讲解望远镜的使用、实地观鸟等方式，展示公园湿地环境与鸟类情况，带领参观者了解鸟类保护的方式和意义。

课程的爱鸟教育不只停留在言语上，还引导参观者了解生态浮岛的原理和作用，让参观者动手用芦竹制作生态浮岛，为湿地保护贡献力量。芦竹浮岛，是将芦竹进行“井”字形捆扎后投放至固定的水面，使芦苇丛在此生长的人工设施。公园还在科普宣教区建设了观鸟屋和观鸟栈道，形成固定的鸟类日常观察路线，方便定时定点进行日常监测，也方便游人在此驻

足观赏。

苏州本地业余观鸟爱好者是最早参与湿地保护的一批社会力量。2010年秋冬时节，他们在太湖观鸟时留意到湖边芦苇被大面积收割。虽然芦苇收割有利于第二年芦苇的生长，但太湖边的芦苇也是雁鸭类越冬候鸟重要的栖息地。抱着试一试的心态，观鸟爱好者们找到了刚成立不久的湿地保护管理站反映情况。这也成为后来苏州市湿地保护管理站决心培养一支专业的团队，为湿地保护、恢复和重建建立评价指标的契机。

后来，“湿地好不好，鸟儿说了算”，成为了苏州湿地管理评估的重要标准。2015年，观鸟爱好者们在湿地保护管理站的鼓励下，成立了专业的湿地生态资源调查机构。

与观鸟爱好者们成为朋友，让苏州市湿地保护管理站意识到政府管理部门与其他自然保护组织协同共进的重要性。2016年，他们请来台湾关渡自然公园专家为昆山天福国家湿地公园做生态修复，并在2017年成立了苏州昆山天福实训基地，为全国近400家湿地公园提供专业人才培训服务。后来又邀请台湾环境友善种子的老师来苏州，与苏州昆山天福国家湿地公园联合开展2019年湿地公民科学家调查课程，培训苏州各个湿地公园的宣教人员。

至今，苏州湿地志愿队伍已经培养了98名生态讲解员，媒体、老师、观鸟爱好者和社会各界人士都能成为湿地保护的主力军。如果为衡量生态文明找一个工具，或许观鸟人数和各类自然保护从业人员的数量增长是一个不错的指标。

苏州市湿地保护管理站自2010年开始对苏州地区湿地进行系统的鸟类观测，逐步在苏州市布局100个鸟类观测区，组织专业队伍和志愿者每年开展高频度调查，并将鸟类多样性指标纳入湿地考评体系，为湿地健康评价和保护修复提供科学依据。

10年间，通过扩大调查范围，增加调查频度，鸟类种数倍增，苏州市湿地保护管理站将调查结果总结成了《苏州野外观鸟手册》，记录了苏州市374种鸟类，可以帮助更多观鸟爱好者了解苏州鸟类。这是第一本专门针对苏州本土的观鸟指南，也是全国较早的针对一个城

市的观鸟手册，中国林学会理事长赵树丛特别写了推荐序，并将该书作为全国自然教育总校的推荐用书。

这本手册汇总了苏州地区10年来记录的20目65科374种鸟类。全书430页，包括了苏州地区374种鸟类的579张高清图片。每页都标注了中文名、学名、中文别名、英文名、保护级别，还有生僻字读音。根据系统分类，还有不同的颜色标识。图片上还有辨识特征、雌雄成幼的标注，方便观鸟爱好者掌握辨识重点。文字描述不仅有该鸟种的形态特征、生境习性等基本信息，还结合了苏州地区近20年的监测调查和观鸟记录，详细罗列374种鸟类在苏州的地理分布和居留时间，是苏州最新、最全、绝无仅有的观鸟指南。在书的最后，还附录了苏州100个推荐观鸟点，无论在苏州哪个地区都可以找到最近的观鸟点。

以观鸟为切入点和抓手，苏州提升湿地保护公众参与度向多领域和纵深推进，并且吸引了更多部门、机构和社会组织合力完成。

2022年，由市妇联和市园林绿化局指导，苏州市儿童少年基金会和苏州市林学会实施的“湿地公民科学家养成计划”第一季——湿地观察员项目正式签约启动。该项目是由苏州市儿童少年基金会和苏州市林学会强强联手，打造出的苏州市首例基于“湿地公民科学家养成计划”系列自然教育特色课程。

在“双减”政策背景之下，自然教育成了必修课，通过自然教育课程的实践活动，一方面志愿者家庭受益于课程体验服务带来的乐趣；另一方面，600人次的湿地自然教育课程的体验也让每个家庭认识湿地、了解自然、热爱自然，从而宣传湿地保护，扩大社会影响力。通过课程体验与大自然的亲密接触，不仅有益于孩子们健康成长，还培养了他们的专注能力、自然感知能力和分析表达能力，家长们开始转变对他们的教育方式，从而提倡孩子们主动探索、自主学习的能力，提倡孩子们户外学习和独立完成能力。

针对湿地公园讲解员人才队伍不稳定、工资收入低等问题，苏州市林学会对湿地公园星级讲解员进行专业课程的指导，不同星级讲解员们通过专业课程的讲解取得相应

补助，一方面，稳定了湿地公园星级讲解员的人才队伍；另一方面，提升了讲解员自主学习的积极性。

“湿地公民科学家养成计划”是苏州市园林和绿化行业新时代文明实践分中心的品牌志愿服务项目，这一项目提出了“跨界融合”的解决方案，将自然教育与志愿者体系建设相结合，将志愿者体系与儿童公益相融合，以湿地自然学校为阵地，国内首创“家庭+体验+进阶”培养模式。项目开发“湿地观察员”“湿地调查员”“湿地讲解员”进阶式系列课程，亲子家庭通过参与湿地自然体验活动，逐步从湿地自然科普的参与者转变成湿地保护志愿者。在此基础上，创新探索学科教育与湿地自然教育深度融合，推进国际湿地城市示范自然学校建设，将湿地和生物多样性保护理念根植于孩子们心中。

《苏州市湿地保护年报》也是提升公众参与的重要信息窗口。从2015年起，苏州市定期发布《苏州市湿地保护年报》，对湿地水环境和鸟类多样性进行观测、分析和评价，不断总结和探索新的保护管理方式，并为各级

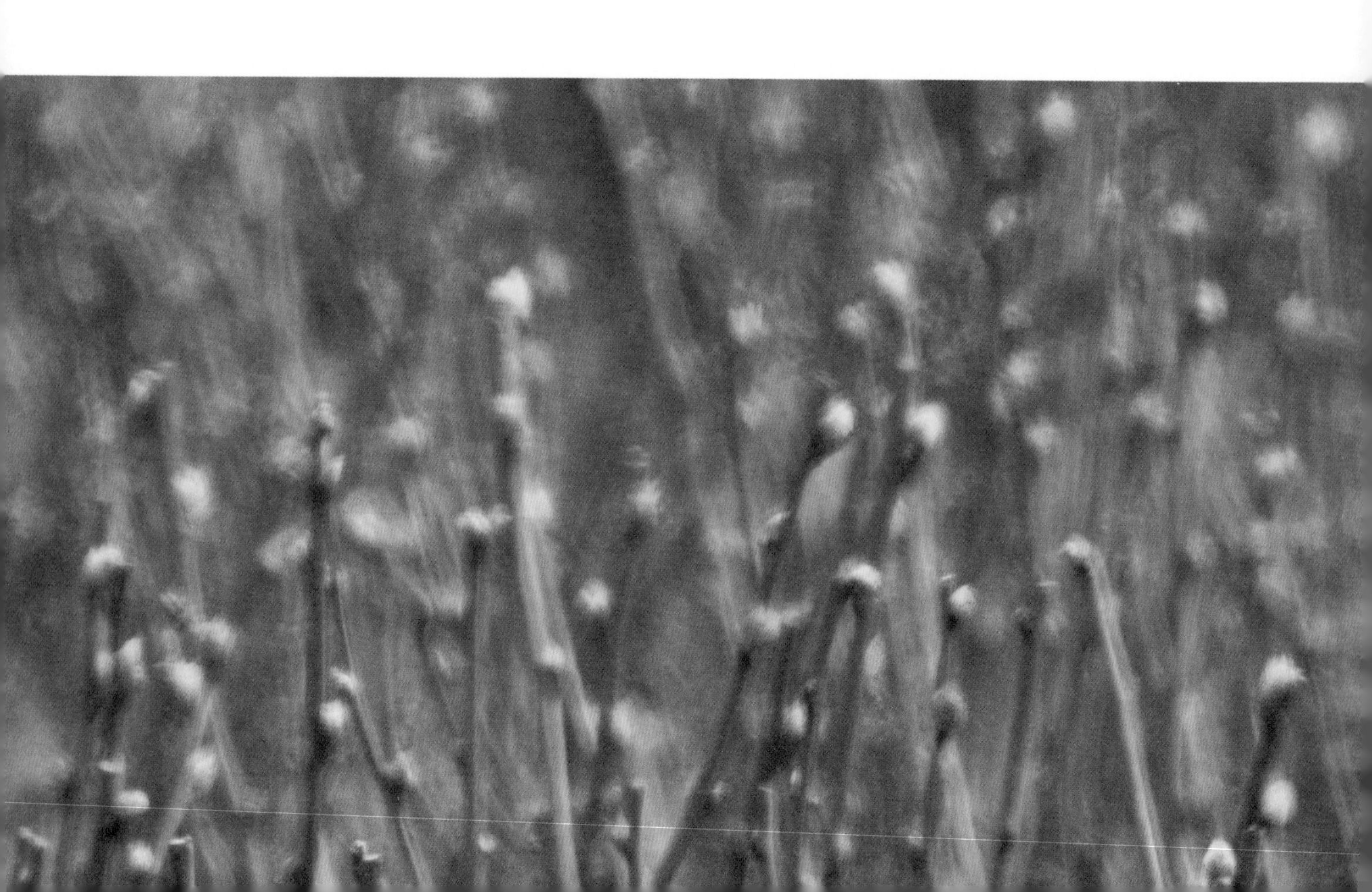

政府和有关部门提供湿地管理和科普宣教的参考。

《苏州市湿地保护年报》(以下简称《年报》)的最初推出目的，是为媒体和对外交流时提供更全面、准确、权威、规范的湿地保护管理工作资料，起到“湿地保护管理白皮书”的作用。《年报》推出后，苏州市湿地保护管理站敏锐地发现，《年报》中对湿地公园进行星级排名，可以明显促进各湿地公园对日常保护管理及科研监测工作的重视程度，是一种有效的管理工具。

《年报》以科研数据为主要内容，信息客观，并且数据评估模型经历多次迭代，越来越科学、准确。

在促进公众参与湿地保护管理的过程中，湿地保护管理站不断总结经验，提升机构营运水平，提高管理成效。作为行业管理部门，湿地保护管理站以项目产品的结构化营运思维，尽可能发现参与各方的需求痛点，盘活各方资源，推动项目的可持续运行。

03 交流合作

2022年11月13日，《湿地公约》第十四届缔约方大会通过了21项决议，以苏州（常熟）经验为蓝本的《加强小微湿地保护和管理》等3项决议获得通过，这是自1992年我国加入《湿地公约》后首次提交并顺利通过的决议草案。

苏州再次为全球湿地保护贡献了“中国方案”

此次决议的通过，不仅是对中国履约30年来湿地保护成效的认可，更是对未来中国发展湿地事业的激励。参加会议的专家接受采访时说，从国家层面来说，践行“绿水青山就是金山银山”的理念，少不了全面保护的加强，小微湿地的保护和管理解答了“下一步”保护什么的问题；从民生角度看，它又与百姓的生活息息相关，是真正利民的大智慧。

2016年，第十届国际湿地大会在苏州（常熟）召开。这也是国际湿地大会首次在亚洲举办。国际湿地大会是全球湿地科学研究与应用的一次大交流，对推动中国与全球湿地保护、恢复和管理工作，促进国内外湿地领域的学术交流与创新，提升社会各界的湿地保护意识产生了深远影响。

国际湿地大会为何选择在苏

州（常熟）召开？这与苏州对湿地的重视和保护程度密切相关。早在“十一五”期间，苏州就提出了打造全国最大湿地城市群的目标；接着，修复湿地生态被列入苏州生态文明建设“十大工程”之一，摆到了维护苏州生态平衡、保证生态安全重要支撑的位置；2014年10月，苏州市政府专门出台了《关于加强湿地保护管理工作的意见》，对全市湿地保护和建设工作进行了全面、系统部署。2016年2月，《2015年苏州湿地保护情况年报》发布，首次对苏州湿地水生态、水质和鸟类生物多样性等指标进行调查和观测，不仅交出一份苏州湿地保护的“成绩单”，也为今后更科学保护湿地提供了理论基础。

常熟是典型的江南水乡，湿地特色显著，这与湿地会议主题相得益彰。常熟历来重视对境内湿地的保护与恢复；近年来，常熟投入大量资金用于建设沙家浜国家湿地公园、尚湖国家城市湿地公园、南湖省级湿地公园，实施昆承湖、南湖荡、望虞河、长江江滩等湿地的保护恢复工程，创新建设乡村湿地公园。目前，常熟初步形成了以沙家浜国家湿地公园和昆承湖重要湿地为主体的2600多公顷的南部生态屏障区，以尚湖国家城市湿地公园和南湖省级湿地公园为核心的1400多公顷的西部生态保育区，以及以长江湿地保护小区为核心的9300多公顷的北部生态廊道，湿地生态功能不断凸显，生态环境得到大幅提升，自然湿地保护率由2011年的5.5%提高到现在的50.1%。湿地水质得到大幅提升、生物多样性日益丰富，区域内共有鸟类资源213种，高等植物474种，2015年被国家林业局评为全国湿地保护先进县（市）。基于常熟市在湿地生态修复与保护方面所取得的成效，经过国际生态学会湿地组联合主席和国家林业局湿地中心等领导多次现场考察，最终决定第十届国际湿地大会在苏州（常熟）召开。

苏州湿地保护的新成果不仅让世界看到，同时也为提升苏州乃至全国的湿地保护水平提供新契机。

2016年的第十届国际湿地大会由南京大学、中华人民共和国国际湿地公约履约办公室、国际生态学协会、中国生态学学会、湿地国际5家单位主办，国际湿地公约秘书处、联合国教科文组织–人与生物圈计划、联合国环境规划署-国际生态系统管理伙伴计划、水体污染控制与治理科技重大专项管理办公室、中国湿地保护协会、湿地科学家学会、世界自然基金会、阿拉善SEE基金会、江苏省林业局、苏州市农业委员会10家单位协办，常熟市人民政府与南京大学常熟生态研究院共同承办。来自10余个国际机构、72个国家和地区的约800位代表参会，其中国外嘉宾300多人。大会设有11场特邀报告，以及涉及全球变化、生物多样性、生态系统服务、生物地球化学过程、生态系统监测、生物入侵、污水处理、湿地价值评估、湿地可持续管理等领域的71个分会场。

也是在这届国际湿地大会上，历时两年多时间起草与修改而成的《湿地常熟宣言》通过。这是国际湿地大会有史以来首次以“宣言”形式发布共识，具有历史性意义。《湿地常熟宣言》是本届大会的重要成果，它阐述了湿地的重要作用，湿地工作的全球性意义，湿地与城市的关系，湿地对于人类发展的重大意义，呼吁金融机构、私营业者、政府部门和广大人民爱护湿地、保护家园。

第十届国际湿地大会的顺利召开，对促进苏州湿地保护与管理的对外交流，具有重要价值。

国际湿地城市代表一个城市湿地生态保护最高成就，是目前国际上在城市湿地生态保护方面规格高、分量重的一项荣誉，每3年认证一次。2018年10月，《湿地公约》第十三届缔约方大会上，国际湿地公约组织在迪拜宣布全球首批18个国际湿地城市，我国的湖南常德、江苏常熟、山东东营、黑龙江哈尔滨、海南海口、宁夏银川入选。2022年11月，在《湿地公约》第十四届缔约方大会日内瓦分会场，我国安徽合肥、山东济宁、重庆梁平、江西南昌、辽宁盘锦、湖北武汉、江苏盐城7个城市获第二批国际湿地城市认证。

根据《国际湿地城市认证提名办法》：国际湿地城市是指按照《湿地公约》决议规定的程序和要求，由中国政府提名，经《湿地公约》常务委员会批准，颁发“国际湿地城市”认证证书的城市。

继常熟成为第一批国际湿地城市后，2022年4月，苏州启动国际湿地城市创建工作。

环境就是民生，青山就是美丽，蓝天也是幸福，这是以人民为中心的发展思想在生态文明建设上的集中反映。国际湿地城市的创建能更好地保护湿地资源，改善生态质量，提升生物多样性，为市民提供更好的生态环境，能让湿地保护更好地融入城市经济社会发展。同时，也可以依托独特的生态资源，打造生态休闲旅游品牌，让城市的生态价值得到最大体现，让广大人民群众都能享有更多的优质生态产品、感受到城市的美好。

党的二十大报告指出，大自然是人类赖以生存发展的基本条件。尊重自然、顺应自然、保护自然，是全面建设社会主义现代化国家的内在要求。

苏州也正以更大的责任和担当，以创建国际湿地城市为契机，义无反顾地推动绿色发展，勾勒水绿交融的洁净未来。

禁止停泊

苏州湿地保护管理大事记

2007年8月

全市首家湿地公园——震泽省级湿地公园获批建立。

2009年4月

全国地级市首个独立建制的湿地保护管理机构——苏州市湿地保护管理站挂牌成立。

2010年7月

苏州市委、市政府印发《关于建立生态补偿机制的意见（试行）》，每年对湿地村生态补偿。

2010年10月

苏州市财政、规划、水利、农委、环保、国土6部门联合出台了《苏州市生态补偿专项资金管理暂行办法》，规范和加强生态补偿专项资金的拨付、使用和管理。

2011年11月

江苏省十一届人大常委会第二十五次会议批准了《苏州市湿地保护条例》。

2012年2月

全省首部地方性湿地保护法规《苏州市湿地保护条例》正式实施。

2012年8月

苏州市林业局制定发布了《苏州市湿地公园管理办法（试行）》。

2012年8月

全国首家湿地自然学校“苏州湿地自然学校”揭牌成立。

2013年3月

苏州市政府对生态补偿政策进行了优化调整，采取分类、分档的办法，细化、提高水源地村、生态湿地村生态补偿标准。

2013年6月

苏州市政府公布第一批102个市级重要湿地名录。

2014年10月

《苏州市生态补偿条例》正式实施。

2016年2月

苏州市林业局首次发布《苏州市湿地保护年报》，之后每年“世界湿地日”发布年报。

2016年9月

亚洲国家首次独立承办的第十届国际湿地大会在苏州常熟召开。

2017年

苏州常熟沙家浜、昆山天福、太湖湖滨国家湿地公园与台湾自然教育团队深度合作，推动苏州湿地自然教育队伍、课程和阵地快速发展。

2018年1月

“江苏太湖湿地生态系统国家定位观测研究站”通过省林业局验收，正式投入运行。

2018年2月

苏州市林业局发布《苏州市湿地公园科研监测和湿地宣教指南（试行）》，明确湿地公园需要开展常规鸟类多样性和水环境质量监测，并对监测内容、方法和频率进行了统一。

2018年10月

苏州市人民政府印发《苏州市湿地保护修复制度实施意见》。

2018年10月

苏州常熟市荣获全球首批“国际湿地城市”称号，为全国唯一入选的县级市。

2019年

常熟沙家浜、昆山天福和太湖湖滨国家湿地公园被中国林学会授予全国“自然教育学校（基地）”称号。

2019年

苏州市委、市政府部署在全市范围内推动生态美丽河湖建设，构建“一轴、二带、六廊、三群、五网”的生态美丽河湖。

2019年12月

同里国家湿地公园通过国家林业和草原局试点验收，至此苏州6个国家湿地公园全部通过验收。

2020年2月

苏州市湿地保护管理站荣获第二届“生态中国湿地保护示范奖”（全国仅6家）。

2021年5月

苏州市湿地保护管理站牵头起草《湿地类自然教育基地建设导则（草案）》。

2021年8月

苏州市林业局在全省率先出台《关于进一步加强长江苏州段湿地保护修复的实施方案》。

2021年10月

昆山天福国家湿地公园湿地生态修复项目入选“生物多样性100+全球典型案例”。

2022年1月

由苏州市妇联和市园林绿化局指导，苏州市儿童少年基金会和苏州市林学会实施的“湿地公民科学家养成计划”第一季——湿地观察员项目正式签约启动。

2022年4月

苏州市人民政府印发《苏州市申报国际湿地城市工作方案》。

2022年8月

苏州市委、市政府印发《关于成立苏州市申报国际湿地城市工作领导小组的通知》，正式城市申报国际湿地城市工作领导小组，市委书记任第一组长，市长任组长。

2022年9月

苏州市在全省率先出台《苏州市“十四五”长江经济带湿地保护修复实施方案》。

2022年11月

《湿地公约》第十四届缔约方大会，以苏州（常熟）经验为蓝本的《加强小微湿地保护和管理》等3项决议获得通过。

2022年12月

常熟市荣获年度“保尔森可持续发展奖”。

2022年12月

“江苏太湖湿地生态系统国家定位观测研究站”获评全国陆地生态系统定位观测研究站五年评估优秀。

2023年3月

苏州“湿地科学家养成计划”志愿服务项目获第七届江苏志愿服务展示交流会文明实践志愿服务项目金奖。

2023年3月

苏州三地发布《阳澄湖生态环境联保共治行动方案》。

2023年4月

苏州市申报国际湿地城市领导小组办公室印发《苏州市创建国际湿地城市宣传行动计划》。

2023年6月

苏州市人民政府组织召开《苏州市湿地保护规划》专家评审会，邀请中国科学院院士于贵瑞、中国工程院院士曹福亮等7位全国行业内知名专家学者为苏州市湿地保护和创建国际湿地城市把舵定向、建言献智。

2023年7月

江苏省政府向国家林业和草原局正式推荐苏州申报国际湿地城市。

2023年7月

苏州太湖国家湿地公园、常熟南湖省级湿地公园被中国林学会授予第四批全国自然教育基地(学校)。